Timeless
North America

美丽的地球

北美洲

弗朗西斯科·彼德蒂 / 著　高圆圆 / 译

中信出版集团 · CHINA**CITIC**PRESS · 北京

图书在版编目（CIP）数据

美丽的地球.北美洲 / (意) 彼德蒂著；高圆圆译
. -- 北京：中信出版社, 2016.7（2023.12重印）
　　书名原文：Timeless North America
　　ISBN 978-7-5086-6165-0

　　Ⅰ.①美… Ⅱ.①彼… ②高… Ⅲ.①自然地理－世
界②自然地理－北美洲 Ⅳ.①P941

中国版本图书馆CIP数据核字(2016)第086159号

Timeless North America

WS White Star Publishers® is a registered trademark property of De Agostini Libri S.p.A.

©2007 De Agostini Libri S.p.A.

Via G. da Verrazano, 15-28100 Novara, Italy

www.whitestar.it-www.deagostini.it

美丽的地球：北美洲

著　者：[意] 弗朗西斯科·彼德蒂
译　者：高圆圆
策划推广：北京全景地理书业有限公司
出版发行：中信出版集团股份有限公司
　　　　　（北京市朝阳区东三环北路27号嘉铭中心　邮编　100020）
　　　　　（CITIC Publishing Group）
承 印 者：北京华联印刷有限公司
制　版：北京美光设计制版有限公司

开　本：720mm×960mm 1/16　印　张：18.5　字　数：61千字
版　次：2016年7月第1版　印　次：2023年12月第18次印刷
京权图字：01-2011-0958　审 图 号：GS (2021) 5614号
书　号：ISBN 978-7-5086-6165-0
定　价：78.00 元

班夫国家公园雄浑壮阔的卡斯尔山

冬季，皑皑白雪覆盖在纪念碑山谷的山顶及谷地。索美壮阔

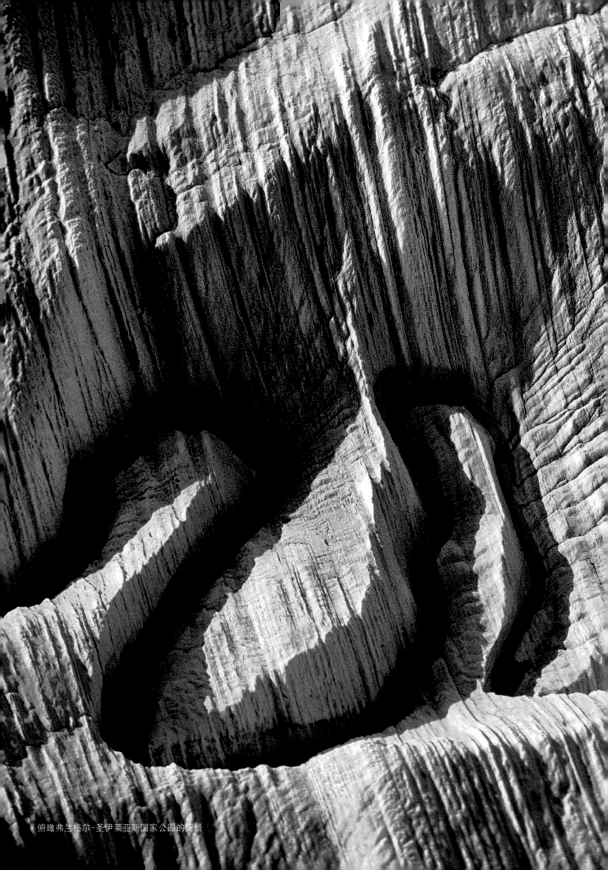

俯瞰弗兰格尔-圣伊莱亚斯国家公园的美景

Contents
目录

Preface
前言

黄石国家公园 (Yellowstone National Park) 成立于1872年，是世界上第一座国家公园。当时正值美国"征服西部"的梦想既新鲜又时尚之际，恰好美国社会出现了一个比普通民众更富有也更具活力的群体，他们对于大多数人并不在意的西部原荒地区，劲头十足地投身其中，肆意开发、摆布，挟其为"文明"服务，而这势必要以日益加剧消耗自然资源为代价。

肆意滥杀的严重后果是，短短几十年内，约有6000万只美洲野牛被捕杀，从怀俄明州一直延伸至太平洋的铁路沿线，成了美洲野牛的坟场。昔日旅鸽迁徙时，成千上万只扇动着翅膀将天空遮得暗淡无光。如今，这样壮观的景象已不复存在。原住民文化亦难逃消亡的悲剧，取而代之的是一种全新的、占据统治地位的白人文化。总之，无须沧海桑田，一切就已经失去原貌，仅在很短的时间内，呈现在这些文明人面前的已经是完全不同的景象。他们终于认识到，自然有其局限性，如果被人类彻底摧毁，将会对人类造成危害；而这些风光及自然环境曾经是这个最繁荣的国家诞生与发展的基础。

黄石国家公园的建立是自然保护运动历史上的里程碑。它意味着，只有践行承诺，才能保护清澈的间歇泉水和绿意浓浓的草原，让鲑鱼畅游于河流，让森林漫溢着树脂的芬芳，让美洲野牛成群聚居，让凶猛却迷人的灰熊自在地生活。自1872年始，美国及其邻国加拿大便一直遵守着保护环境的盟约。今天，两国的国家公园系统和其他保护区域代表了北美洲最大和最为统一的保护工程。总体来说，这个巨大的保护工程涵盖了北美洲所有重要的生物物种及广袤的北美大陆自然环境，无一遗漏。

虽然墨西哥存在资源匮乏和经济发展滞后的问题，危地马拉也因国民的日常问题而备感困扰，但是在某种程度上他们都不得不承担起环境保护的重任，并确保世界上某些最美的热带地区不被破坏。

从最北方的北极熊王国到生息着美洲野牛的北美温带草原；从生长着萨瓜罗仙人掌和土狼的沙漠到加利福尼亚州 (California) 清新的松林和阿巴拉契亚 (Appalachina) 的高大阔叶林；从墨西哥湾 (Gulf of Mexico) 繁茂的沼泽到落基山脉 (Rocky Mountains) 嶙峋的群峰；从苍翠的热带雨林到充满生命活力而波涛汹涌的大海，呈现在世人面前的北美洲，是一个气象万千又魅力无穷的大陆，地球上各种自然奇迹它都拥有。

黑沙间歇喷泉喷出的矿物质，凝结为五彩斑斓的晶体和其他块体

各种类型的公共园地，包括大面积的原荒区（wilderness area）、国家公园（national park）、自然名胜区（nature monument）、自然保护区（nature reserve）等，而今共同构成最坚强的城堡，以防止科学家所描述的"第六次物种大灭绝"的发生。自从地球上第一个生命形式出现伊始，已经过去45亿年。或者更确切地说，海洋在很长一段时间里，不仅有动物和植物，还存在微生物。各种生命不停演化，适应周围的环境，最终形成现在的模样。多细胞生物可以追溯到5.4亿年前。从那以后，地球上至少发生过5次大规模的动植物物种灭绝事件。

距今约4.4亿年前的古生代奥陶纪末期，海洋中1/4的生命形式彻底消亡，这次物种灭绝事件中受打击最大的是三叶虫类；距今约3.7亿年前的泥盆纪后期，脊椎动物和原始鱼类世界发生了另一次重大物种灭绝事件，这时，陆地生命形式刚要开始出现；距今约2.5亿年前的古生代二叠纪末期则正好赶上第三次物种大灭绝，它是地球史上所有物种灭绝事件中最具灾难性的一次，地球上有96%的物种灭绝，其中包含三叶虫和几种昆虫；然后是距今约1.95亿年前的中生代三叠纪末期，当时哺乳动物和恐龙开始出现，近似哺乳类的爬行类动物也开始出现，大部分海洋生物在这次灭绝事件中消失；第五次大灭绝则源自于6500万年前的中生代白垩纪末期，它也是离我们最近的一次，正是这次危机让恐龙从地球上彻底消失。

这些灭绝事件有一个共同特性：源于自然原因，比如重大的地质灾害和气候变迁；或来自地球之外，比如陨石的碰撞。极有可能是这两类原因引发了白垩纪的恐龙灭绝。更为重要的是，这些灭绝的过程历经了相当长的一段时间才逐渐显现出来并最后终结，有的需要若干千年、若干万年甚至几百万年的时间。

灭绝是一个长期的过程，不会在短短几个世纪内发生，由进化而成的新生命形式也会逐渐填补消亡物种的空白。事实上，正是恐龙的消失才为哺乳动物的进化铺平了道路。

今天的我们正面临着第六次物种大灭绝。据统计，仅在刚过去的20世纪，大概就有200种哺乳动物和鸟类消失。其中1/3的物种在过去的50年内灭绝。与前五次不同的是，正在进行的第六次物种大灭绝是由人类对这个星球的活动而引起的。这是地球生命史上第一次出现由单一物种对自然环境的不断扩张造成对整个生物圈的重大影响。

人类与其他物种展开激烈而直接的竞争，掠夺

世界上最高的树木伫立在美州杉国家公园内，受到无微不至的照看和保护

争抢所有资源，不断扩大自己的"生态位"，致使其他物种的生态位不断缩小。人类的需求似乎永无止境，因此人们不断改变并试图打破现有的生态系统。人类还将动物和植物从一个地区迁移到另一个地区，这一行为的结果是，直接激化了外来物种与本地物种间生死存亡的争斗。而这些物种，无论是进化速度还是生存工具的发展，都比人类要滞后很多。

科学家们估算了地球生态空间（即能够持续地提供资源或消纳废物、具有生物生产力的地域空间）的现有规模。他们认为，人类已经占有（或破坏或操控）40%的净初级生产力。换言之，人类正在摧毁自然界为其他生物成员提供的生存和繁衍的物质基础，逐渐蚕食总生物生产力。

世界自然保护联盟（The World Conservation Union）预估了面临灭绝危险的生物种类，并列举出这些生物各占其总量的百分比：维管植物，12.5%；鸟，11%；爬行动物，20%；哺乳动物，25%；两栖动物，25%；鱼，1100种当中的34%。鸟类学家斯图尔特·皮姆（Stuart Pimm）则给出更高的百分比数值，即到了22世纪，地球上50%的动植物将要迎来灭绝的灾难。

与之前的生物大灭绝不同，这一次的物种灭绝仅需两个世纪的时间，而物种消亡后留下的空当很难填补，即使经历上百万年的时间也难以实现。在短短几十年的时间内，地球上约300种哺乳动物、400种鸟类、183种鱼类、138种两栖动物和爬行动物以及各种各样大量的无脊椎动物几近灭绝，挣扎在死亡的边缘。某些物种则处于更加危险的境地，亟须紧急救援：加利福尼亚秃鹫已然不足30只，查塔姆岛知更鸟只剩下5对，亚平宁狼少于800只，而新西兰鸮鹦鹉或夜鹦鹉则不足100只，还有10只毛里求斯茶隼处于垂死挣扎的边缘——它们已危在旦夕！

受第六次物种灭绝现象影响甚深的是近代动物群，主要发生在人类生息的区域，如北美洲就是一个显著的例子。这片大陆经历过惨重的损伤和浩劫，旅鸽和大海雀不幸位列其中，惨遭灭绝。大海雀是一种大型海鸟，曾经沿北大西洋漫长的海岸线繁衍栖居。同样具代表性的是曾经濒临灭绝的美洲野牛。这种野牛身形硕大，凶悍狂野。19世纪初期，有6000万只美洲野牛在北美洲辽阔的大草原上逐水草而居，然而经历了白人殖民者的残忍猎杀后，数量急剧下降，几乎达到灭绝的边缘。

自然界的未来，动植物的未来，自然生态系统中能够抵御人类侵扰的物种的未来，人造环境中寻找庇护的物种的未来，为人类提供食物和产品的物种的未来，以及生活在城市、与人类为伴的动植物和动物园里的动物的未来，如果想要维系和发展，需要人类转换一种新的思维方式。

这种思维方式需要结合科学家的理性思维和自然保护主义者的感性思维。这种思维方式是可以变成现实的，正是这种新的思维方式指导了19世纪末期一些生态学领域的先驱者的行动，促使他们向美国总统提议，在黄石地区建立一座大型的国家公园，从而使得自然遗产成为每一个公民的遗产，而不至于丢失遗落。

在美洲大陆，人们利用大量的物质资源以及最先进的现代繁殖技术来阻止第六次生物大灭绝的蔓延。人们将加利福尼亚秃鹫安置在鸟类饲养场悉心照看，然后再放归于寂静的加利福尼亚山区。多亏了这些先驱的努力，狼群才得以回归自然，可继续在黄石国家公园辽阔的大地上追逐鹿和美洲野牛。

这个大陆，连同它的天然乐园、适当有效的管理和明智的科学精神，以及全方位的民意，这一切共同构成了一堂伟大的公民课：公园能够保留自然系统的基本元素，并为那些热爱观察大自然的人们提供乐趣。人们通过这些公园的一些科学研究课题以及环保

项目工程还可以了解到，只须节约利用，自然资源就会一直存在。

同世界上的其他地方一样，决定在美洲大陆建立保护区不仅是为了保护环境，还是各种机遇综合博弈的结果。可以说，北美洲主要的自然保护区多为山区并不是偶然的。这里的山川地势和气候条件曾经让人们提不起丝毫的兴趣，并且多处于人类活动的边缘，让人望而却步，但这也极大地保护了生态环境的淳朴与自然。

在平原地带、谷底及河道沿岸，自然保护区的数量虽然不会少很多，但面积肯定是小之又小。这种情况在大多数发达国家极为普遍，相关的环境保护常常处于十分不利的境地。

尽管如此，现今的北美洲，在一个很大的地理范围内——包括美国、加拿大、墨西哥和危地马拉，毕竟开辟了许多广阔又互有关联的保护区，把生物多样性保存了下来。本书的主要内容，在于介绍那些自然环境（包括天然风光和动植物种群）中最具代表性的国家公园。通过一系列令人震撼的图景，帮助读者深入欣赏、领略这些公园博大的自然之美。

班夫国家公园的卡斯尔山脉和特括伊斯湖群

在卡特迈国家公园内，灰熊守候在激流旁边，等待时机捕捉鲑鱼

肯尼科特冰川如同一条巨大的河流，持续不断地侵蚀着裸露岩石的斜坡

春天的色彩渲染着蒙大拿州冰川国家公园的谷地

古巴科科岛的珊瑚堡礁，沿着漫长的细沙滩不断延伸

01

炎夏结束，大群的雪雁开始为长途
飞行做准备

初春伊始，大量的驯鹿成群结队地
穿越苔原地带

美国阿拉斯加州

Arctic National Wildlife Refuge
北极国家野生生物保护区

　　阿拉斯加州的东北部涵盖了辽阔的沿海冻土带及山地区域。这里看似杳无人烟，事实上，还是有为数不多的人居住在这里，而他们的主要工作就是石油钻探。

　　这个保护区为近200种鸟类以及至少45种哺乳类动物提供了理想的栖居场所。其中哺乳动物的种类，从体型娇小的鼩鼱到身型庞大的露脊鲸，不一而足。在这里，大约有770万公顷的区域可以称为"野生区域"（wildness area），而三条流经其中的河流则被称作"野生河流"（wild river）。这意味着申杰克河（Sheenjek River）、温德河（Wind River）及伊维沙克河（Ivishak River）这三条河流至今仍然完全保持着原始的状态，而当地居民和游客被严禁做任何可能会改变水系及堤岸的事情。除了以岩石为基底的达尔顿高速公路（Dalton Highway）外，在这里不允许修筑其他道路。当人们出行从一个地方到另一个地方时，就只有依靠小型飞机了。

　　近数千年来，冰川的运动以及其周期性的膨胀和收缩对这片区域产生了巨大的影响，并由此而产生了丰富多变的自然景观，但是也出现了恶劣的自然环

雪鸮由于纯白的羽衣而显得格外引
人瞩目

北极的夏季虽然短暂，生命却尽情
绽放

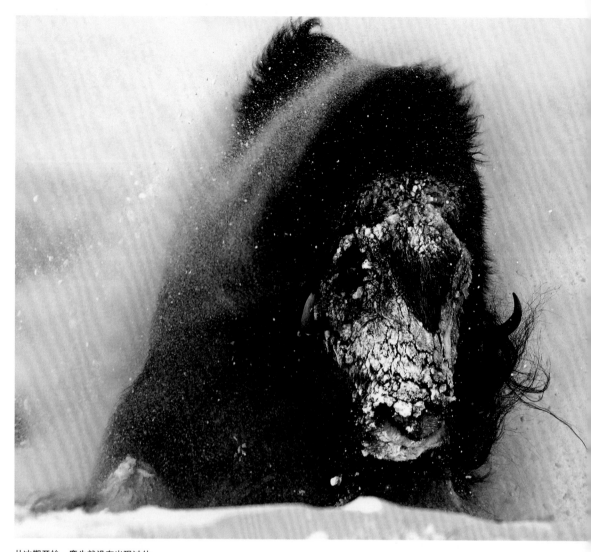

从冰期开始，麝牛就没有出现过什
么变化，借助其厚厚的皮毛和巨大
的身躯，它们能够很好地适应环
境，抵抗严冬的侵袭

春天不断上升的气温使得积冰不停
地断裂

驯鹿在夏季来此觅食时，这里依旧
冰雪遍地，它们只能依靠冰雪地里
的稀疏青草和地衣充饥

境。深渊险峻、岩石裸露的大峡谷与广阔的沼泽地及陡峭的山峰更迭交替，它们的边缘无不被冰川所切割。今天，这里的部分区域依旧为生活在沿海地区的伊努皮埃克人（Inupiaq，也就是爱斯基摩人）以及阿萨巴斯卡河（Athabasca River）流域的印第安部落提供食物来源。伊努皮埃克人以海洋动物为食，而居住在内陆地区的印第安人，其食物来源则更加丰富。

这里的动植物都属于北极和亚北极的类型，有些物种对于历尽艰险到达此地的科学家和游客来说具有极大的魅力。在这里居住着3种熊：北极熊、灰熊及黑熊。这里还生活着大量的食草动物，其中数量最多的是驯鹿。多尔羊、麝牛和驼鹿不仅是熊的捕食对象，还是狼、狼獾（一种凶残的食肉动物）及猞猁的美食。

在沿海地区还生活着逆戟鲸，它们被这里大量的鲑鱼以及其他类别的鲸、海狮、海獭吸引而至。同时，这里还生活着数以千万计的海鸟，其中包括海鸥、燕鸥、海鸠、海雀等。在迁徙季节，沿海的泥岸和池塘聚集着大量的雪雁和野鸭在此觅食。

北极熊的数量不超过2万只，分布于北美洲的北极地区、格陵兰岛、斯瓦尔巴群岛，以及俄罗斯的西伯利亚地区

02

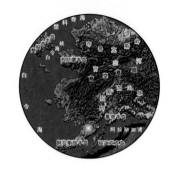

这个地区无雪的时间非常短暂，到了10月，雪开始在苔原及森林中堆积

美国阿拉斯加州

Katmai National Park and Preserve
卡特迈国家公园及保护区

阿拉斯加州位于太平洋的最北端，与亚洲大陆遥遥相望，美洲与亚洲大陆几乎在此相接；这里是地球上最富饶、最重要的地区之一，这里能够发现古北区（Palearctic）及新北区（Nearctic）在地理分布上的重叠现象。狭长的阿拉斯加半岛（Alaska Peninsula）一直向大海远处延伸，直至阿留申群岛（Aleutian Islands）。第二次世界大战期间（1943年5月），美国军队在此与日本侵略者进行了一场激烈的战斗。

如今，这片区域属于国家公园（170 000公顷）的保护范围，专门保护那些重要的动物物种，其中包括：麋鹿、驯鹿、狼以及灰熊。灰熊具有一种特殊技能，可以在极其荒凉但海洋动物丰富的沿海地区找到食物。事实上，当波浪涌向海滨时，会有大量的"海鲜"被冲到岸边。栖居在卡特迈国家公园沿岸的灰熊以一种顽强的意志采集这些海产品，并以之为食。

由于灰熊的种群密度超出了正常范围，在保护区临近的地区内，它们一旦出现就会被人们猎杀。公园的保护系统建立多年，保护措施已经十分完善，使得灰熊十分自在。它们到处游荡，越来越多的博物学

卡特迈国家公园的景观由冰川塑造
而成，冰川雕刻出幽深的峡谷，并
形成大面积的湖泊

灰熊是公园内受保护的物种之一

白头鹰是美国的象征，在冬天，它们的"家"——巢穴的宽度能够达到2米

在火山生成的大部分地貌中，卡特迈地区依旧存留着一个巨大的火山喷口，还有一个覆盖在岩浆库上的塌陷地区，这片区域有着陡峭的岩石断面

家和游客可以看到灰熊活生生的面孔。

当地以及公园内的植被由特有的苔原植物组成。在温润潮湿的低地，白玉草和其他五彩缤纷的夏日花朵铺了一地。这里土地肥沃，岩石阻挡了阵阵狂风的劲吹，使得北极柳灌木丛可以缓慢生长。在沼泽地，棉菅随处可见，这种植物以白色棉毛状的果穗而被人们所认知。另外，公园还是地衣、蕨类植物以及永久冻土带的典型植被——苔藓的天堂，同时，还有40种哺乳动物及200种鸟类在此栖居。

公园保持着壮美瑰丽的冰川景观，其范围延伸到苔原带及海滨地区，成千上万只鸟聚居其中，筑巢为家。一年的大部分时间，公园都沉浸在严寒之中。然而在6—7月，那样一个短暂却热闹的北极夏日时光里，大地突然迸发出勃勃生机：苔原上小小的植物长出芳香的花朵；北美驯鹿在产子；灰熊和它们的幼崽在悠闲漫步和寻找食物；鸟类也在忙着孵育后代。

恢宏壮丽的"万烟谷"（Valley of Ten Thousand Smokes，火山喷发及火山灰释放之地）展现出一派夺魂摄魄的原始风光。在这里感觉不到人为雕琢的痕迹，一切都是自然本身的面貌。安之若素，浑然天成，一如万年前的模样。

即便是在严寒的冬季，狼依然在北极地区逗留，然而，它们会一路追随迁徙的驯鹿群向南移动

03

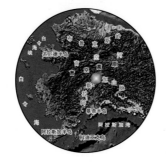

美国阿拉斯加州

Denali National Park and Preserve
迪纳利国家公园及保护区

　　阿拉斯加州的迪纳利国家公园是灰熊理想的栖居家园。灰熊是北美洲最大的哺乳动物。当鲑鱼溯流而上，游弋到上游产卵时，灰熊会成群结队地聚集在河岸边待机捕食。大量灰熊簇拥在河岸边，这奇特场景吸引了世界各地的摄影师和仰慕者慕名而来。除此之外，他们还有机会拍摄到鲑鱼的另一类掠食者，同时也是美利坚合众国的象征——白头鹰。

　　在公园的山岭及苔原地带居住着狼、驼鹿以及麋鹿。到了秋季的交配时节，雄性麋鹿会以咆哮的怒吼威吓对手，然后加入到以鹿角拼死相抵的激烈决斗中。只有获胜者才能得到与雌性交配的机会。国家公园与保护区的面积超过250万公顷，这里环境险恶，气候严酷，一年当中的夏日转瞬即逝，而严冬却是漫漫无涯。低垂在地平线上的太阳遥不可及，只能勉强散发出一丝暖意。人们开始有意识地想要保护这片几乎未被沾染过的"处女地"。它横卧于阿拉斯加州的内陆腹地，旁边矗立着北美洲的最高峰麦金利山（Mt. McKinley，6194米）。而当地的美洲原住民，即阿萨巴斯卡人（Athabaskans）称它为迪纳利（Denali）峰，意思就是"大个子"。它的山势突

迪纳利国家公园最为壮观的山峰之一，其形状如同驼鹿的牙齿，是爬山者梦寐以求的目标

雪在山峰的顶端累积，并以滑动和雪崩的形式向下塌陷

一只雌性驼鹿和它的幼崽在冰天雪地中跋涉

随着交配季节的到来，原本包裹着雄性驼鹿鹿角的皮层开始脱落，鹿角焕然一新，成为搏斗中的致命武器

松树和冷杉这样的松柏科植物，其茂密而香气四溢的针状叶片可以在整个冬天都完好无损，而灌木的树叶在秋季呈现出五彩缤纷的色泽之后随即会凋落

兀，由各种不同的岩石累积堆压而成。这些岩块起源于不同时期，呈现出千姿百态的相貌。从波利克罗姆山口（Polychrome Pass）极目远眺，可以欣赏到精彩绝伦的缤纷美景。

公园坐落于阿拉斯加山脉（Alaska Range）。阿拉斯加山脉绵延长达1000千米，是一道天然屏障，并且造山运动仍在进行。山脉被冰川、冰雪、苔原和泰加林所覆盖。著名的迪纳利断层（Denali Fault）是一组巨型断层，环绕守护着阿拉斯加山脉，是这个地区每年无数次地震后留下的痕迹。

即使是夏日，园区内的气温依然很低，冬季则会暴跌到-50℃，风速则超过每小时240千米。这里的植被主要是典型的苔原植物，这些植物能突破地面卵石的阻挡，从地下潜生出来。短暂的夏日，其他植物也纷纷崭露头角。温润的湿地拥有肥沃丰厚的土壤，岩石还能阻隔阵阵狂风的侵袭，因此夏季促生了北极柳的绿意盎然；在沼泽地，棉菅繁茂旺盛，只看到白色的絮冠随风飘荡。

根据公园的调查记录，这里生长着超过60种显花植物（开花、结实、靠种子繁殖的植物的统称）以及种类繁多的地衣、蕨类植物和典型的永久冻土带植物——苔藓。

公园内还生活着40种哺乳动物，约200种鸟类、10种鱼类和一种迪纳利地区特有的两栖动物。

与麦金利国家公园一样，这个公园也建立于1917年，并于1976年成为国际生物圈保护区（International Biosphere Reserve）之一；1980年，公园面积扩大，正式更名为迪纳利国家公园。

麦金利山是北美洲的最高峰，因其高耸的雪峰和巨大的冰川而在迪纳利国家公园中独树一帜

北极光是北极漫漫长夜中一种独特
的现象，它感动了一代又一代的旅
行者，并为当地文化孕育出神话和
传统，流传至今

人类花费了好几百年的时间来破译北极光的起源，它让极地的夜空流光溢彩

午夜时分，北极光的色彩似乎在夜空中再次绽放，照亮了临近冬季的苔原地带

04

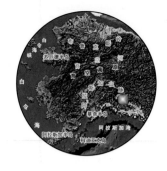

美国阿拉斯加州

Wrangell-St. Elias National Park and Preserve
兰格尔-圣伊莱亚斯国家公园及保护区

与阿尔卑斯山及喜马拉雅山的冰川一样，北美洲北极地区的冰川同样处于衰退期

　　这座国家公园内汇聚了三条山脉——兰格尔（Wrangell）山脉、楚加奇（Chugach）山脉和圣伊莱亚斯（St. Elias）山脉以及100多条冰川，其中最为庞大的是哈伯德冰川（Hubbard Glacier）。哈伯德冰川形成于育空（Yukon）地区，经过长达160千米的距离后与瓦莱里冰川（Valerie Glacier）汇合，接着向西延伸，最后到达觉醒湾（Bay of Disenchantment）的海域。

　　近千年来，冰川运动及其膨胀和收缩的周期对公园的陆地产生了巨大影响。事实上，哈伯德冰川于1986年完全堵塞了拉塞尔峡湾（Russell Fjord），并由此而形成了一座"短命的"拉塞尔湖（Lake Russell）。夏季时湖面飙升25米，以至于湖水失去盐分，原本的海洋盆地变成了一个淡水湖。直到同年10月，冰川形成的堤岸开始崩裂，在不到一天的时间内，约有50亿立方米的湖水倾泻入海，峡湾再次与海相连。

　　园区内的动植物具有典型的北极及亚北极特

奇萨纳附近的冰川开始膨胀

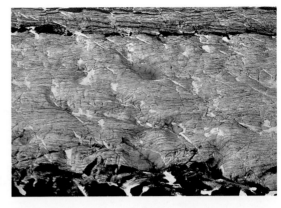

每年随着温度的升高以及冰川、白雪的融化，会形成很多小型湖泊

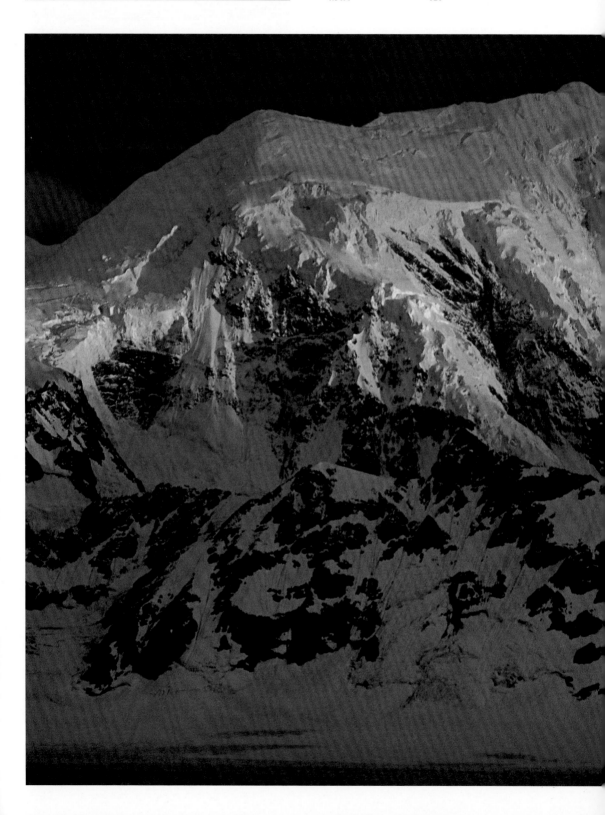

色。不仅科学家对一些稀有物种怀有极大兴趣，而且也会有游客不辞辛劳、历尽艰险来到此地。这里栖居着大量的多尔大角羊，它们是欧洲盘羊的远亲。大角羊的起源可以一直追溯到亚洲。它们于远古时代通过结成冰桥的白令海峡（Bering Strait）来到这里。比起身躯较小的黑熊，这里更为常见的是灰熊———一种生长在美国、身躯犹如高塔般强壮的熊。灰熊具有娴熟的捕食技巧，当鲑鱼溯流而上到水边产卵时，它们会悄悄藏匿在水边，等待时机捕食。与此同时，北美驯鹿、麋鹿及驼鹿也是灰熊的猎物。其他的掠食性动物包括猞猁和狼，它们的主要食物是鹿及北美驯鹿，它们经常会并肩合作去捕食。

　　虎鲸被大量的鲑鱼、其他种类的鲸、海狮和海獭所吸引，聚集在这片海域，成为一道独特的风景。

雪峰沐浴在黄昏中

冰川开始逐渐融化，使苔原和平原重新焕发了活力，仿佛圣伊莱亚斯山脉脚下的一个大水床

在鲑鱼大量聚集的沿海水域发现了虎鲸的踪迹，因为鲑鱼是这些掠食者主要的食物来源

哈伯德冰川是阿拉斯加最引人瞩目的景观之一，巨大的冰块不断从超过45米高的冰川表面脱落

05

美国阿拉斯加州

Glacier Bay National Park
冰川湾国家公园

　　当全球气温升高引起大量冰体融化时，阿拉斯加州以海洋环境为主的冰川湾国家公园依然保持着河流冰冻的壮美奇观。它还在向世人证明，冰川对于地质地貌，以及"大北方"（Great North）的生活节奏起到极其重要的作用。

　　辽阔的公园内共有16条冰川，影响范围从山脉到峡湾，从冰山到浮冰，再从岩壁海岸到辽阔的公海。置身于公园宏大的环境内，这些冰川可以作为研究对象让人们了解冰川的活动及主要特点。公园内的冰川深受全球变暖的影响，每一点的退缩都记录在案，200年前冰川湾完全被冰面覆盖的日子一去不复返了。1794年，当英国船长乔治·温哥华（George Vancouver）绘制这片区域的地图时，当时的冰川湾还只是一个8千米长的凹口，位于从圣伊莱亚斯山脉延伸出来、绵延近200千米的巨大冰川的前端。而到了1879年，约翰·缪尔（John Muir）发现那条冰川已经退缩了约60千米。时至今日，这片海湾已然没有任何冰层覆盖，只有海平面不断上升的记录。

　　冰川湾地区反映了一种动态的景观，即所有的景致都处于持续不断的变化中，而这种变化又影响了动植物赖以生存的栖息地——从亚北极地带到多山地

从这里望去，可以看到缪尔湾、麦克布莱德冰川及麦克康尼尔山脉，左面是里格斯冰川，它是阿拉斯加冰川湾国家公园的核心地带

巨大的冰块从马杰里冰川的正面脱落，在风和洋流的推动下，缓缓移动

一只海豹从冰下浮到水面换气

一群海狮在岩石上蓄势以待，准备捕鱼

区，从海滨区域到丛林地带，无不在其影响的范围内。这里的海洋生物种类繁多，因为洋流以及淡水含有从岸边汇入的丰富的营养物质，这些物质构成了食物链的基础部分。食物链的最顶端一般是凶猛的捕食者，比如虎鲸和海狮，而大多数的鲸类都是以浮游生物及小型海洋生物为生，最特别的是座头鲸。这种身形硕大的鲸类的背上长有肉峰，身长可达18米。

　　1925年，冰川湾地区就已经成为国家自然名胜区，直到1980年冰川湾国家公园正式成立。1980年公园被评为"原荒保护区"（Wilderness Area，隶属于美国国家原荒保护系统）；1986年成为生物圈保护区（Biosphere Reserve）中的一分子；1992年被列入《世界遗产名录》。

每年夏天，座头鲸都要长途迁徙，从南部海域返回北部海湾来寻找食物。这些水域富含浮游生物及小型的海洋生物

长条状的冰川向海岸线方向延伸开去，其冰块撞击到公园积雪区域的边缘

06

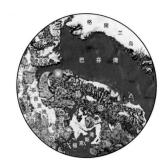

雪的凝结和结晶构成多姿多彩的造型，比如冰川就与被水滴造就的钟乳石十分相近

加拿大努纳武特地区

Sirmilik National Park
瑟米利克国家公园

　　瑟米利克国家公园在"大北方"自然环境的影响下，孤寂荒凉。由于暴风雪的肆虐，这里每年大部分时间都被冰雪覆盖，气温可跌至-40℃以下。"瑟米利克"（Sirmilik）出自伊努伊特语，意为"冰川之地"。这里还是北极光的世界（北极光属于一种独特的光学现象，在很短的时间内射向天空，伴之以黄、紫、蓝、绿等亮光）。

　　公园成立于2001年，面积约22 300平方千米，包括4个区域：拜洛特岛（Bylot Island）、博登半岛（Borden Peninsula）、巴亚尔湾（Baillarge Bay）及奥利弗湾（Oliver Sound）。其中一些山峰属于北极山脉（Arctic Mountains）范围。北极山脉从巴芬岛一直绵延到埃尔斯米尔岛（Ellesmere Island）。

　　北极地区的大部分鸟类都会在这个公园里度过夏天。已经编目或经过识别的鸟类有74种，其中45种鸟在公园里筑巢。拜洛特岛可说是候鸟的天堂，它们很多在哈伊角（Cape Hay）和格雷厄姆角（Cape Graham）之间的海崖、岩壁上筑巢为家。奥利弗湾和博登半岛的景色动人心魄，让人流连忘返，是整个区域的最大亮点之一。

　　天然怪岩柱（hoodoo）要算公园内最别具一格

公园内的部分山岳属于北极山脉，
这条山脉从巴芬岛始，一直延续到
埃尔斯米尔岛

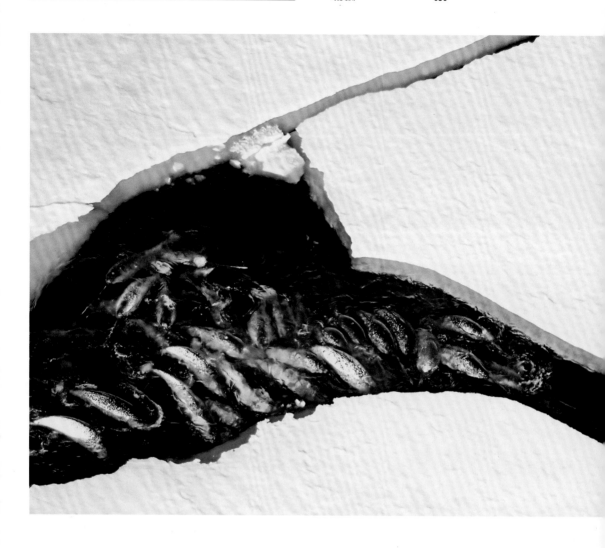

独角鲸（或月亮鲸）仅见于寒冷的
北冰洋，其特点是有一只极长的角

的景物。这种引人入胜的地质构成，仿佛塔楼一般的高大柱子，是沉积岩历经千年万年的冰蚀、雨浸和风吹才逐渐形成的。大量的冰间湖（polynia）——因冰川阻隔而残存下来的海面，是另一种令人注目的景观。构成冰间湖的环境因素多种多样，包括海底水上升、洋流及海风等。即使在冬天，冰间湖也不会结冰。因此，这里成为白鲸、海豹以及北极熊等许多动物的避难所。

兰开斯特海峡（Lancaster Sound）是整个北极地区生物最多样化及最重要的海域，除了鸟类，还有北极熊、海豹和鲸等许多动物。独角鲸是一种类似海豚的神秘物种，长着一对长长的尖牙，关于独角兽的许多传说就是由此产生的。每年都有大量的独角鲸在这片海域聚集，雄性独角鲸会以利剑般的尖牙为武器彼此厮杀，以争夺雌性独角鲸。兰开斯特海峡构成"西北航道"（Northwest Passage）最东面的一段。西北航道是一条十分重要的贸易运输通道。

在公园里还可欣赏到冰碛石、冰山、永冻土、冰斗、冰核丘（小型山）沙地、沉积物以及岩锥等恢宏的地质景观。

被风雕琢的岩石是海滨地区的特色，但同时它们更遭受海浪的侵蚀

一只孤独的北极熊在公园的广阔天地间漫步独行。冰川地区的地貌在所有区域都非常明显：冰碛、冰山、永冻层、冰川谷地、冰核丘、沙土及圆锥状的沉积物

07

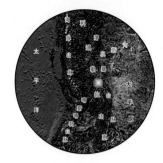

加拿大不列颠哥伦比亚省

Mount Robson Provincial Park
罗布森山省立公园

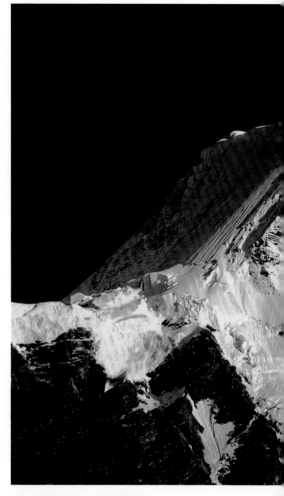

从通向伯格湖路上的马尔莫特营站
（Marmot Camp）远瞻罗布森山

　　罗布森山省立公园是不列颠哥伦比亚省乃至整个加拿大最古老的保护区之一，面积225 000公顷，是一片天然纯净、未被开发的处女地。保护区中心伫立着罗布森山（Mount Robson），海拔3954米，是不列颠哥伦比亚省落基山脉的最高峰。许多山峰及其周围地区满是壮观的雪原和冰川。其中，伯格冰川（Berg Glacier）被认为是北美洲最具"活力"的冰川。曾追踪研究伯格冰川的冰川学家们兴奋地宣布，与全球变暖所引发的状况相反的是，伯格冰川并没有出现任何缩小的迹象。事实上，它似乎年复一年越来越大，与世界上的其他冰川形成鲜明对比。弗雷泽河（Frazer River）是不列颠哥伦比亚省最重要的河流之一。它发源于这个公园内，泉水急急向外奔流，先穿行在茂密的灌木林中，继而进入落叶林，最后从厚实的松柏林里穿过。保护区内的野生物种几乎包括了灰熊和黑熊在内的北美洲所有的本土大型哺乳动物。在弗雷泽河的埃科湾（Echo Harbor），人们可以容易地观察到它们在激流中捕食鲑鱼；而在河岸旁，狼、狼獾、郊狼，还有一些捕鱼能手，包括白鼬、水獭及其他水栖兽类则在捕食小动物。公园内的草食动物有

罗布森山省立公园里的伯格冰川和
伯格湖

罗布森山省立公园被称为"原荒"，是因为这里完全看不到人的踪迹

麋鹿、巨角野羊、大角羊和皮毛总是干干净净的北美野山羊。当然还有驼鹿，它是有蹄类动物中游泳技能最好的，可以在浅滩中寻找青草，有时也会到深水湖泊中觅食。

罗布森山省立公园的鸟类有190种，其中包括海鹰、金雕、游隼、苍鹰、美洲雕鸮、野火鸡、鹅、雉鸡、啄木鸟和其他生活在山区及林区的鸟类。1990年，联合国教科文组织将罗布森山省立公园列入《世界遗产名录》。

罗布森山海拔3954米，是加拿大落基山脉的最高峰

食鱼貂是一种水生貂，能够潜伏在溪流的岸边捕捉小动物

一头黑熊在埃科湾奔腾的激流中捕捉鲑鱼

在鹿的种群中，驼鹿是最为亲水的成员，它们甚至可以冒险在深水中寻找水生植物

弗雷泽河在茂密的冷杉及松树丛林之间激荡着向前奔流

08

由冷杉和松树组成的茂密丛林覆盖了整个约霍国家公园的低洼地带，这里9月时已银装初上，呈现出冬季的景致

加拿大不列颠哥伦比亚省

Yoho National Park
约霍国家公园

约霍国家公园（131 000公顷）处于艾伯塔（Alberta）和不列颠哥伦比亚两省的交界处，幅员辽阔，恢宏博大，不仅以冰蚀地貌而闻名，还有更为宝贵的地质史记录，即伯吉斯页岩（Burgess）和其他岩层。事实上，在这些地层中已经发现的寒武纪（Cambrian Period，距今5亿年）海洋生物化石多达120种。这些化石对于古生物学家、地质学家和科学家来说，是真正的无价之宝。

气势磅礴的雪峰、静谧宜人的盆谷、小而淡雅的湖泊以及幽深的森林构成了公园的传世美景。森林的植被则多为低海拔物种，如落叶松、松树和山毛榉。公园内还能看到独特有趣的地质现象——历经大自然风霜雪雨侵蚀的天然石桥和岩石拱桥。如横跨于基金霍斯河（Kicking Horse River）和天然怪岩柱上的那些天然形成的石桥，以一种奇妙的造型点缀于天地之间，组成石桥的石块堆积在高高的冰川沉积物上，静默神秘。

最美的景致则是数量繁多的瀑布，水势磅礴，激流直下，全部汇入了公园内的河流之中。河水也因而形成宝贵的资源，一些河流中盛产鲑鱼。

水量丰富的哥伦比亚河（Columbia River）流

公园中心的翡翠湖倒映出雪峰孤绝
的身影

对于猞猁来说，冬天是幸运的季
节。因为猎物的行动被冰雪所限
制，更容易被攻击

一只雌猞猁守护着幼崽生活在丛林地区，以捕食雪地野兔和鹿为生

郊狼过着与世隔绝的生活

经保护区，穿过被五彩缤纷的地衣覆盖着的岩石地带，自寻道路而去。公园内湖泊众多，埃默拉尔德湖（Emerald Lake）平静的湖面可以把雪峰倒映得细致入微。奥哈拉湖峡谷（Lake O'Hara Valley）是另一处引人入胜的景区，这里是公园最上镜的地方，典型的冰蚀地貌以及远处重重叠叠、长满落叶松的山峰构成了一幅优美的画卷。

公园是很多野生动物的家园，肉食动物包括灰熊、黑熊、狼獾，它们都是落基山脉最强壮的掠食者。其他动物包括臭鼬和鼬鼠。这里还是数量众多的加拿大猞猁的家园，它们栖居于丛林地带，以捕食雪地野兔和鹿为生。

瀑布倾泻而下，汇入约霍国家公园内众多湍流中的一支

奥哈拉湖坐落在国家公园的西侧，远处是胡贝峰

埃默拉尔德湖平静的湖水倒映着瓦
普塔山

黎明时分，随着天空逐渐晴朗，岩石呈现出柔美的紫色

09

加拿大不列颠哥伦比亚省—美国蒙大拿州

Glacier National Park
冰川国家公园

　　在冰川国家公园（410 000公顷），降雨不仅维系着这里的生命节奏，同时还改变了公园内广阔的地质景观。位于哥伦比亚山区（Columbia Mountain Region）的冰川国家公园西滨太平洋岸，东临加拿大落基山脉。形成于太平洋上空的湿润空气在海风猛烈而持续的推动下，不断向冰川国家公园的方向前进。潮湿空气在行进的过程中，被哥伦比亚山区的岩壁所阻拦，使这里夏季大雨倾盆，冬季则暴雪狂虐。

　　降雨滋生了茂密旺盛的植被，这些植物带有明显的温带雨林特征。如果这里的夏天不是那么寒冷，冬季没有那么严酷，气候就会更近似于热带雨林。与热带地区相同的是，树的高矮层次直接影响了当地的生态系统。在这里，巨大的松树和其他松柏类植物如一座座高塔竖立在蕨类植物和地衣所铺就的地毯之上。当古老的树木颓然倒地时，随着时间的推移，它会慢慢地被蘑菇、昆虫和无脊椎动物销蚀，甚至能够听到上百万的昆虫与其他生物活动的声响，它们一点一点地消耗有机物质，最终将其归还大自然。

　　公园里不仅森林覆盖地区的降水多、积雪多、气候比较温和，就是其余占公园一半面积的高出树木线的地段，也是这种情况。公园1/10的地面流动着冰

坐落于加拿大及美国边境的山脉是冰川国家公园景观中一道独特的风景线，由于高度和低温，一年中大部分的时间山峰都被冰雪覆盖

加拿大落基山脉的山峰上虽然杳无人烟，却居住着大角羊、猞猁、草原犬鼠和其他许多动物

北美野山羊是生活在公园高峰之间
唯一的野生动物，厚重的皮毛可以
保护其抵御严寒

一只骡鹿躲藏在丛林中。这种动物
广泛地分布于北美洲西部地区，因
为耳朵长得肥大像骡，故名骡鹿，
极易辨认

川，几乎没有什么正规的植物可言，仅有地衣以及其他少量能够适应严酷环境条件的植物才能存活。它们匍匐于地面，密集生长；或紧紧附着在岩石上，借以抵御风力的强烈侵袭，最大限度地接受阳光——尽管阳光经云雾的遮蔽，已经显得很微弱无力。

公园内动物种类丰富多样：灰熊、黑熊、土拨鼠、鼠兔、松鼠还有山驯鹿随处可见。在某些潮湿地区，海狸的数量极其庞大，沿着塞尔扣克山脉（Selkirk Mountains）的狭长山谷就能找到它们。海狸的活动改变了河流的生态系统，它们垒建的水坝减缓了河水的流速，挖掘的池塘则小巧静雅，还有针叶树环绕在侧，简直是巧夺天工。

地松鼠居住在挖掘的洞内，它们在其中贮藏足够的食物以度过漫漫长冬

蒙大拿州弗特黑德河边的茂密松林

一股溪流交汇成加农山的小型瀑
布。整个保护区都分布着大量的溪
流和湖泊，这些水来自当地秋季的
丰富降雨

红花似火，黄叶飘摇，这是秋的色彩。在秋末时节，这些色彩丰富的植被渲染了公园林地的景色。图中可以看到山峰的终年积雪

冰川国家公园的地貌深受水、风及
其他天气因素的影响，但仍保持着
冰河时期的初始景观

格林内尔湖坐落在公园内的幽谷
里，以其清澈透明的水而闻名

舍本湖的上空酝酿着夏日风暴

10

加拿大艾伯塔省—西北地区

Wood Buffalo National Park
森林野牛国家公园

森林野牛国家公园幅员辽阔，人迹
罕至，而且难以到达

　　19世纪，北美洲的大平原曾是近6000万只美洲野牛的家园。这些身躯粗壮的动物经常成群结队地迁移，在广袤的大地上跋涉，寻找肥美的牧场。所到之处包括辽阔的大草原以及"大北方"森林的部分高纬度地区。美洲野牛处于食物金字塔的底部，不仅是灰熊、狼和其他掠食性动物的猎物，还是许多原住民的猎杀对象。但是那时的原住民所采取的捕猎办法让美洲野牛的数量仍然维持在一个良好的水平上。

　　然而，随着欧洲殖民者的到来，这种平衡关系很快被打破。美洲野牛的悲惨遭遇人所共知：19世纪，新到来的欧洲殖民者实施了残暴的行为——屠杀野牛，不仅为了食肉，也是为了将印第安人的食物来源彻底断绝。19世纪末，捕杀行为被禁止，但这时，世界上已仅剩下几百只美洲野牛。从那时起，一个漫长的恢复期开始了，即便现在没有恢复曾经的庞大群体，却也维护了美洲野牛在许多保护区内的生存。

　　今天，美洲野牛可以自由地生活在加拿大的森林野牛国家公园内，这里是加拿大面积最大的美洲野牛保护区，其范围已不限于阿萨巴斯卡湖（Lake Athabasca）。这里生活的美洲野牛被特称为美洲森林野牛（美洲野牛的北方亚种）。比起美洲草原野牛

克莱尔湖是保护区内最大的湖泊之
一,它确保了北美洲很多濒危物种
的生存

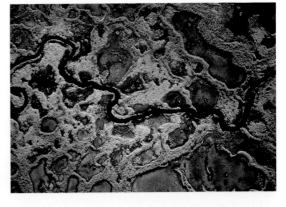

在苔原及泰加林地带，溪流蜿蜒曲
折，盘绕回旋

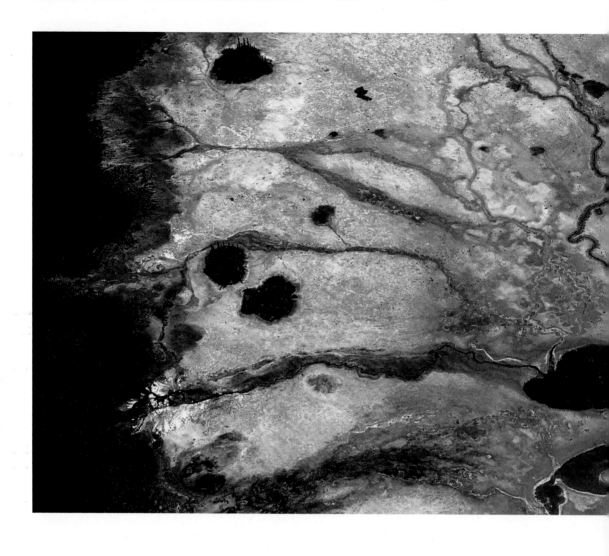

盐湖沉积物自身形成的晶体以及盐湖沉积物表层的硬壳在阳光的照射下散发出彩虹般绚烂的色泽。在某些盐度不高的地区，经过长途迁徙、疲惫不堪的湿地鸟类和水鸟把这里当作重要的停留站

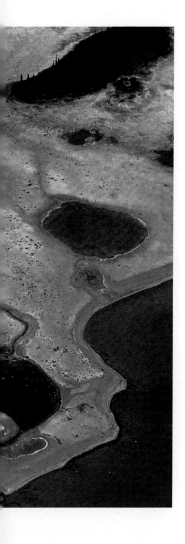

（美洲野牛的另一个亚种），它们的蹄更大，牛角更长，毛皮也更黑一些。美洲森林野牛主要栖居在沼泽和丛林里，而这正是保护区的核心地带，同时亦是草原和北方森林的交汇地。

森林野牛国家公园成立于1992年，是加拿大最大的保护区。它坐落于艾伯塔省和西北地区（Northwest Territories）之间、大奴湖（Great Slave Lake）的南侧，面积达44 800平方千米。公园的土地广袤无垠，杳无人烟，以至于划定保护区的边界时，只能通过飞机才能完成。公园内有三种类型的生态系统，分别是：由白云杉、白杨和松树构成的典型亚北极地区；分布着河流、小溪和池塘的高原地区；皮斯河（Peace River）与阿萨巴斯卡河会合而形成的三角洲（然后进入阿萨巴斯卡湖）地区。这个三角洲是世界上最大的淡水三角洲之一，并因此而成为最为重要和美丽的内陆湿地之一。公园的地表覆盖着冰川沉积物，其下岩石主要是泥盆纪的碳酸盐岩和石膏。这些岩石经由喀斯特作用（水对可溶性岩石的溶蚀和沉淀作用）以及盐泉、盐场、盐泥滩的侵蚀，产生出岩穴与地下河——在加拿大，这种地貌只有这个公园内才能看到。在某些特殊的干旱年代，泉的周围可以形成盐块，高达两米。

公园内大型的内陆湿地为美洲鹤提供保护和食物。美洲鹤是一种珍稀和濒危的物种，1940年时只剩下12只，如今则超过了150只，森林野牛国家公园似乎已经成为它们唯一的家园。公园内还居住着稀有的游隼，还有一些候鸟在此度过春、秋两季。

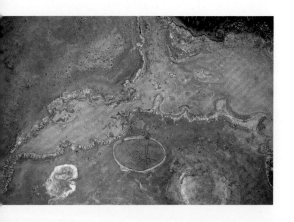

麋鹿在夏末开始交配期，雄性麋鹿以吼叫的方式向雌性传达信息，而雄鹿之间要相互挑战，并进行殊死搏斗

森林野牛国家公园的野牛数量稳定，即便在最为寒冷的冬季，动物们也能很好地适应并居住在这片封闭的针叶林地带

公园内的许多盆地处于偏远地带，因此对它们的探索依然处于初始阶段

11

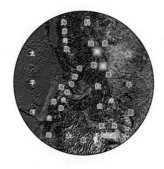

加拿大艾伯塔省—不列颠哥伦比亚省

Banff and Jasper National Parks
班夫及贾斯珀国家公园

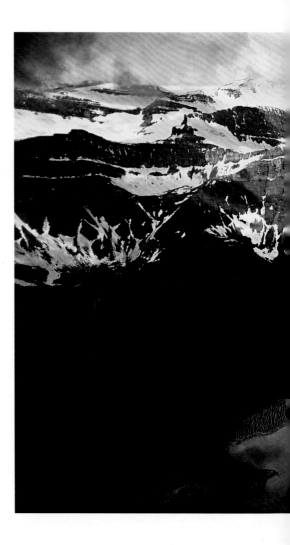

　　在一片贫瘠荒芜、岩石耸立的土地上，巨大岩体上的冰块随着季节的变化而不断涨缩，在春雪的覆盖下，可以保持整个夏天不会融化。在湛蓝的天空下，岩体有时会显得黯淡漆黑。人们可以看到动作敏锐而身形奇特的北美野山羊身着白色的毛皮外套，信步于旷野天地之间。这些有蹄类动物适应性极强，是当地最典型的动物，能在嶙峋的岩壁和清冷冰霜中自由穿梭，如闲庭信步。它们的脚掌上长有一层厚而绵软的肉垫以确保行走的安全。

　　这里是加拿大最大的保护区之一，由两个相邻的国家公园组成，分别是班夫国家公园和贾斯珀国家公园，位于加拿大西部落基山麓，横跨艾伯塔和不列颠哥伦比亚两省。它们的总面积超过17 500平方千米，是世界上最大的原荒保护区之一。这里没有任何人类的足迹和存在，是未被碰触的处女地。班夫国家公园的面积超过6600平方千米，是加拿大第一个国家公园，建立于1885年，用来保护落基山北部的众多温泉。贾斯珀国家公园面积10 878平方千米，建立于1930年，之后被联合国教科文组织列入《世界遗产名录》中。

　　一条16千米宽、1500千米长的断层，将两座公

这里是北美洲水系的最高点。这个多雨盆地的水会流向3个不同的大洋

瀑布在岩石和冰雪之间奔流而下，其水流源自冰川和融化的雪水。图中可以看到远处的针叶林，主要由松树组成

国家公园内裸露的岩石从云海内脱颖而出，与白云交相辉映，大放异彩

园与不列颠哥伦比亚省最古老的山脉分离开来，并向西延伸。巨大的冰川群成为这里独一无二的标志性景观。哥伦比亚冰原（Columbia Icefield）由一系列壮美瑰丽的冰川组成，面积超过325平方千米，冰层的平均厚度达304米。这里是北美洲水系的最高点。冰川局部融化的水流向这里，形成一个集水区，然后分别流向三个不同的大洋。汇入哥伦比亚河和弗雷泽河的冰水最终流入太平洋；萨斯喀彻温河（Saskatchewan River）流入大西洋的哈得孙湾（Hudson Bay）；而大奴河、马更些河（Mackenzie River）及阿萨巴斯卡河的水流则全部流向北冰洋。阿萨巴斯卡河及其支流的流量占到保护区河水流量的4/5。点缀于群山之中的是一泓泓碧水，其中最著名的是路易斯湖（Lake Louise），维多利亚冰川是它的主要补给来源。哥伦比亚山（3780米）也有独特之处，值得驻足停留。

两个公园共含有三个不同的生态区（丘陵、高山和次高山），这里的动植物种类繁多，其中大部分分布在高山地区，具有典型的寒带特征。两个公园总计有69种哺乳动物，其中包括熊、麋鹿、北美驯鹿、北美野山羊、美洲狮、狼、郊狼、土拨鼠和鼠兔。山驯鹿是哥伦比亚山脉的象征，与驯鹿和苔原驯鹿有亲缘关系。尽管山驯鹿依然存在，但是数量极少，被认为处于濒临灭绝的危险之中。公园内还有40种鱼类、16种两栖类及爬行动物以及2000种昆虫和蜘蛛。鸟类共计有227种，包括雷鸟、杉树鸡、各种猛禽、大乌鸦、乌鸦、山雀以及其他有趣的鸟类。植物的种类则超过1300种。

贾斯珀国家公园的独特之处在于：在加拿大的四座高山国家公园内，只有这里存在沙丘生态系统——贾斯珀湖沙丘（Jasper Lake Dunes），同时，这座公园也最靠北。这个国家公园生长着北美黄杉，还有加拿大最庞大的地下水文系统——玛琳山谷喀斯特系统（Maligne Valley Karst System）。这里还有北美山地驯鹿（mountain caribou），它们是哥伦比亚山区的标志性动物，属于普通驯鹿（reindeer）的近亲；另外还有北美苔原驯鹿（tundera caribou）。不过数量都极少，看来已处于灭绝的边缘。

坐落于群山之间的是冰川湖，冬季时它会消失在冰层之下

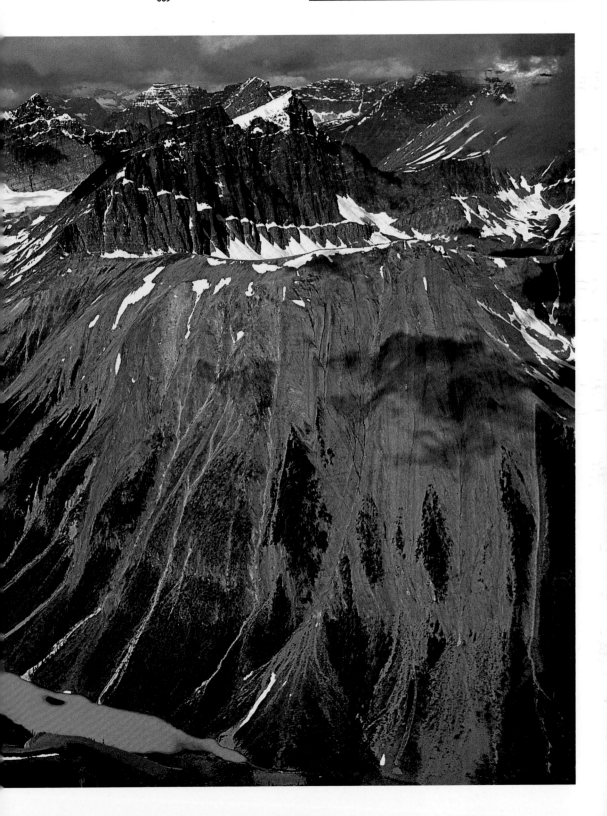

公园拥有大量的湖泊和湿地，是不同种类鱼群的理想家园。一年中的大部分时间水面都被冰层覆盖，鱼儿依旧可以适应并在寒冷的水中居住

两个公园拥有的动植物的栖居地
都隶属于高山、亚高山及丘陵生
态区

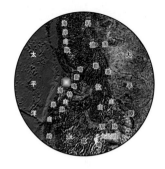

12

美国华盛顿州

Olympic National Park
奥林匹克国家公园

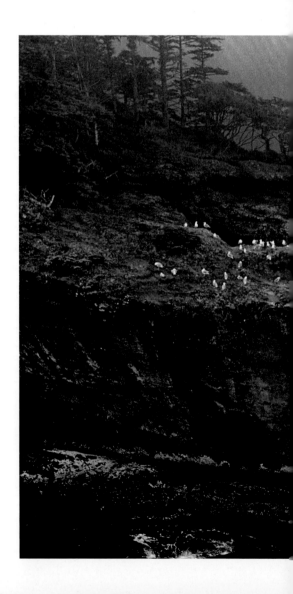

　　这个国家公园涵盖了奥林匹克半岛（Olympic Peninsula）的中心区域及海岸地带，拥有美国西部边陲的标志性景观。公园里的环境严酷而荒凉，耸立着峭拔雄伟的山峰，与巨大的冰川交相辉映，别具特色。冰川源源不断地为湖泊与河流供应冰冷而湍急的水流。北美黄杉在山腰的密林中勃勃生长，它们如纪念碑一般，高可达76米，相当于25层楼高。

　　人类对森林的干扰活动一直受到限制，而今更建立了新的规章制度，以确保人类不能在这里为所欲为：森林要保持其原始状态，并维持原来蜿蜒曲折的狭窄小路，只有当巨型树木倾倒之后才可以进行清理。各种各样的蕨类植物、地衣、苔藓、绿意盎然的青草与春季盛放的花朵一起簇拥在灌木丛旁边，勃然生长。这里还能看到西岸云杉和西部铁杉。公园属于温带雨林气候，坐落于美国的西北部，这里大部分的雨水都来自于太平洋。这片温带雨林曾一度覆盖过整个太平洋沿岸，如今只剩下公园内的这一部分。

　　公园总面积中的95%是荒原、冰川及山脉，将这里与其他地方隔离开来。这里生活着15种当地特有的动物，包括美洲体型最大的马鹿亚种——罗斯福马鹿（奥林匹克公园也因此被称为"麋鹿国家公园"）。

浓雾笼罩着奥林匹克半岛的弗拉特里角森林，这一岬角位于太平洋海岸西北点的末端，气候条件适于温带雨林植被的生长

19世纪末时，海獭已经变得十分稀
有，借助于有效的保护，它们的数
量开始逐渐增多

黎明破晓时，一只普通海豹在休憩

这里还有8种当地特有的植物，包括山赤莲、旱叶草、紫罗兰及阔叶羽扇豆。

公园内的太平洋海岸线长达97千米，这里呈现出一片荒凉的景致，却广泛栖居着海獭。这种动物的毛皮厚重而绵密，天生就拥有卓越的游泳本领，完全能够适应海滨生活。它们以软体动物、甲壳纲动物等为食。

公园内还有大量的考古遗迹，其中包括原印第安人的定居点——事实上，在美国西北部的太平洋岸，拥有北美洲数量最多的原住居民和部落，其中包括马卡人（Makah）、侯人（Hoh）、奎鲁特人（Quileute）和斯科克米希人（Skokomish）。这些部落至今依然居住在祖先遗留下的定居地里。他们在荒野之中与大自然和谐相处，并且能够合理地利用大自然所提供的资源，从未引起任何物种的灭绝。

公园于1938年建立，其目的为保护罗斯福马鹿，1976年成为生物圈保护区，1981年被列为美国的原野保护区（Wilderness Area）之一。

雌鹿刚生下两只幼崽，这是非常罕见的画面。幼崽柔软的皮毛上生长着白色斑点，在明暗相间的森林中，简直是完美的伪装

美国黑熊的体型比它的表亲灰熊小
很多，而且可以轻易地爬到树木的
顶端，这是灰熊难以做到的

麦迪逊溪瀑布位于埃尔瓦河谷中，
是奥林匹克国家公园的中心地带。
此公园是北美洲最潮湿的区域之
一，并拥有数量众多的溪流

温带雨林不仅要依靠强烈的降雨，还要靠浓雾每天积存在叶片上的水滴来维持湿度

初冬伊始，安吉利斯峰就已被厚厚
的冰雪所覆盖，一片银装素裹

美洲狮正在捕捉最为平常的猎
物——小白兔，尤其在冬季，这种敏
捷的猫科动物依靠长步跳跃，能够
轻易地捕食山区内行动迅捷的动物

冰雪成为山区的主宰，它覆盖了森
林、原野、山谷以及岩峰，然而，
生命却生生不息，许多种动物在此
度过漫漫寒冬

13

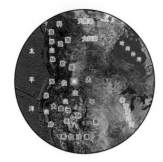

美国—加拿大

Rocky Mountains
落基山脉

　　落基山脉纵贯整个北美洲大陆，从美国的阿拉斯加州延伸至墨西哥，穿越美国的蒙大拿州、爱达荷州、怀俄明州、犹他州、科罗拉多州和新墨西哥州。落基山脉山体的下部由结晶岩构成，上部由沉积岩构成。冰川作用、大气侵蚀以及火山现象对山脉进行了不同程度的塑造。保护区包括加拿大的一系列落基山公园和美国的落基山国家公园（Rocky Mountain National Park）。后者的建立源于19世纪末，一群博物学家和管理者担心这里的自然奇观会有一天消失殆尽，于是发起并最终创建了国家公园。

　　1915年1月26日，美国总统伍德罗·威尔逊（Woodrow Wilson）签署法案建立了落基山国家公园。1976年，保护区受到联合国教科文组织的认可，被列入"人与生物圈计划"（Man and the Biosphere Program），成为一个生物圈保护区——用来示范保护生物多样性的自然区域之一。

　　即便在盛夏时节，山脉的高海拔地区和北部的山阴地带仍有积雪，直至秋冬季节降雪后又被新雪覆盖。整个山脉由一系列不同类型的栖息地组成，其中超过1/3的面积都位于林木线以上。

　　山脉以苔原风光为主，生长着少量的青草、矮

落基山脉是北美洲的脊梁

这是一只处于交配期的雄性麋鹿，麋鹿是美洲体型最大的食草动物之一

平静的蓝色水面、肥沃的土地、针叶林及落叶林是落基山脉大部分地区的主要特征

黎明的晨光中，桦树林与笼罩着红
色光芒的岩石交相辉映

灌木、地衣和苔藓，这些植物在极端严酷的冬季也能生存下来。广阔的针叶林生长在山脉的北部，而沙漠地带则构成山脉西部的主要特征。

落基山脉是许多北美动物的理想家园，这里有麋鹿、狼（常见于山脉的荒野地带）、长耳鹿（美洲豹和狼的最佳猎食对象）、黑熊与郊狼。

美洲狮广泛分布于阿拉斯加至火地岛之间的区域

落叶林沐浴在夕阳的余晖中：白杨呈现出淡雅的浅黄色，枫树还未完全变红，灌木则是清新的橘色

人们把蒙大拿州落基山脉的这处地
质构造喻为"中国长城"

一只角鸮在粗大树干的洞内筑巢

在加拿大的艾伯塔省，落基山脉的
高度十分壮观，引人瞩目

14

加拿大马尼托巴省

Wapusk National Park
瓦普斯克国家公园

　　这是一片苍凉萧瑟的土地，一年的大部分时间都被冰雪覆盖，只有到了短暂的北极夏日，地面的积雪才得以融化。这个时候，小型植物得以开花；鸟儿忙着孵育下一代；而"白"熊（即北极熊）作为体型最大的掠食者，开始四处游荡，寻找它们的猎物，尤其是海豹。

　　北极熊把这些小岛当作栖居的美好天堂。雄性北极熊作为地球上的大型掠食者之一，其体重能达到600千克；当它以后肢站立时，身高能达3米。没有任何一种肉食动物能够与北极熊相比，像它一样拥有如此出色的力量、捕食技巧和在地球上最寒冷地区的生存能力。

　　几个世纪以来，人类为了得到北极熊的皮毛而残忍地猎杀它们。今天，尽管北极熊得到很好的保护，然而产生威胁的不再是枪伤，而是污染物，比如多氯联苯（PCBs）。在洋流、风力和食物链的携带运送下，多氯联苯和其他氯化物——传统农场使用的大量杀虫剂（这是真正的毒药）——到达北极地区，并在北极熊体内富集下来，不可逆转地改变了它们的成长，使得这些从无敌手的"北极之王"在自己的统治区域内受到重创。现在人们已采取了多种措施，尽

由于气流及冰川的剧烈运动，海岸线的地貌反复更替，变化无常

泰加林覆盖了国家公园的大部分区域

初夏时分，冰层已开始崩裂。北极
熊妈妈带领两只已快成年的小北极
熊寻找不同的线路以穿越冰层

一群白鲸从冰层内浮游出来换气，
只有不断地运动才能使其免于被
冻僵

最大的努力保护这种庞大的掠食者免于灭绝。

公园包括了哈得孙-詹姆斯低地（Hudson-James Lowlands）的广大区域，是毗邻哈得孙湾的平原地带。永久冻土犹如一块不断延伸的厚毯，将整个地区包裹起来。从地质学角度看，这些冻土还相当年轻。事实上，冻土正在缓慢上升（每100年上升1米），覆盖于冻土之上的冰雪自9000年前开始逐渐融化。这种现象叫作"地壳均衡"，可以通过观察哈得孙湾古岸线的位置来追踪。

根据考古学报告，这片土地上最早的居民是德内族（Dene）和克里族（Cree），他们在这里已居住了近3000年。直到18世纪，欧洲人才首次踏上这片土地。其实那个时候在今天的威尔士亲王堡（Prince of Wales Fort）和约克法克特里（York Factory）早已有原住民定居。现在这两个地方都已定为公园内部的历史遗迹。

公园另外一个特色是拥有大量的滨海地形，包括潟湖、沙丘、沙滩、苔原和针叶林带。湖泊、河流和小溪等各种水域覆盖了公园一半以上的面积。

公园里的动物种类丰富，栖居着44种哺乳动物，包括北极熊和北美驯鹿。后者在丘吉尔角（Cape Churchill）附近大量聚集，成为当地原住民的主要食物来源。

与欧洲及亚洲驯鹿不同的是，北美驯鹿从未被人类驯养过

由于海藻被冻结在冰晶中，冰块呈
现出绚烂的色彩

北极光将瓦普斯克国家公园的天空
渲染成清冷的绿色

借助厚实的脂肪层，海象也能够应对最为寒冷的季节。这些脂肪将它们包裹起来，与严寒隔绝

15

加拿大安大略省

Niagara Escarpment Biosphere Reserve
尼亚加拉陡崖生物圈保护区

　　尼亚加拉陡崖生物圈保护区面积约1200平方千米，从尼亚加拉大瀑布（Niagara Falls）附近的安大略湖（Lake Ontario）开始，一直到托伯莫里（Tobermory）。这片区域叫作布鲁斯半岛（Bruce Peninsula），位于乔治亚湾（Georgian Bay）和休伦湖（Lake Huron）之间。从地质角度讲，这里的"陡崖"实际上是断层崖，一面是较缓的陡坡，而另一面则是垂直的断层面。

　　随着时间的推移，流水逐渐雕凿出一系列的峡谷，极大地改变了保护区内的地貌。流水顺着地势逐渐向下，最后冲出垂直的断层面，造就了独一无二的尼亚加拉大瀑布——世界上最恢宏壮美的奇观之一。森林覆盖了保护区的大部分区域，北部多松树和杉树，南部以落叶林树为主。

　　保护区建立于1990年，实际由两部分构成：布鲁斯半岛国家公园（Bruce Peninsula National Park）和五浔国家海洋公园（Fathom Five National Marine Park）。保护区内的人口总数为12万，分布着22个城镇。尽管居住人口多了些，然而在博物学家的眼中，这里仍然具备足够的吸引力。事实上，撇开城市和农

马蹄瀑布的水流以千军之势急冲直下，因其形状像马蹄，故以此命名

瀑布的流量在春季显著增加

树木茂盛的小岛上水道纵横，并不
断受到激流猛烈的冲击

在风化因素的侵蚀下，河岸裸露出不同层次的岩石，当植被无法对其进行保护时，岩石的风化情况尤甚

在保护区，除了主要瀑布外，还有大量无名的溪流，它们为藏匿于茂密植物下的小小池塘注入生机与活力

场不谈，保护区的核心地带包含了一个主瀑布及附近的小型瀑布，合称尼亚加拉大瀑布。同时，保护区也涵盖了茂密的森林、温润的湿地和高耸的岩壁。

这片地区的主要特点是岩石耸立，奇峭嶙峋。岩石约形成于4.3亿年前，主要是坚硬的白云岩，较之下垫岩层（石灰石、砂岩和片岩），能更好地抵御流水的侵蚀。上千年的冲刷作用创造出匪夷所思、奇妙怪异的峡谷和山涧，陡崖在水流的强力冲击下不断坍塌，使得瀑布不断向上游方向后退：尼亚加拉大瀑布的位置比起以前的记录向上游后退了11千米。这里其他比较著名的风景有岩壁、洞穴以及岩洞，其中包括塞浦路斯湖（Cyprus Lake）、格罗托湾（Grotto Bay）和乔治亚湾。

尼亚加拉河岸的岩坡被白柏（金钟柏）林包围。离401号公路仅1000多米的地方发现了一株年龄超过500岁的珍贵树木，而后有更多的古老植物被发现，甚至还发现了一棵1000岁以上的植物，但体型只有盆栽大小。其中有一棵白柏的树龄被估算为1845岁，不幸的是已经死亡了。它只有1.5米高，是严酷的生存环境限制了它的生长。

蕨类植物、地衣和苔藓附着在悬崖壁上，而崖壁上数以千计的洞穴则为乌鸦、秃鹰、燕子和蝙蝠遮风挡雨。这些构成了一个完美的生态系统，与所谓的"石穴生"（隐藏于石头里生活的生物群落）十分相近，大量的藻类和真菌就生活在崖壁上白云灰岩的小型洞穴内。

即便是在冬季，上百万立方米的水流依旧持续不断地倾泻而下，升腾起迷蒙水雾

落叶林，尤其是白杨和杨柳成长于
河岸，即使受到低温的侵扰，依旧
绽放出秋的色彩

尼亚加拉大瀑布地区的落叶林是许
多哺乳动物和鸟类的理想家园

在瀑布的周围，展现出一片典型的
丛林景致——北方针叶林与温带落
叶林完美地衔接起来

16

加拿大纽芬兰-拉布拉多省

Gros Morne National Park
格罗莫讷国家公园

格罗莫讷国家公园位于加拿大的大西洋岸，以狂啸的暴风雪和常年笼罩的浓雾而闻名。纽芬兰是最可以向世界展示地质历史发展进程的区域之一。

如同一本展示地球地质史的大书，格罗莫讷国家公园内的岩石向我们讲述了地球从前寒武纪到现在的变化：由古老海洋板块的消失以及新大陆板块的诞生所引发的一切。泥盆纪时代的岩石今天依旧静静地屹立在公园内，除了外部侵蚀、地壳隆起以及沿着主断层线的一些轻微地震外，岩石保存得相对完好。在过去的200万年间，冰期和间冰期与海平面的变化紧密相关，并由此而产生了如今这个地区独特的地表形态。因此这片地域是珍贵的地质史资料的来源，具有非凡的意义，1987年联合国教科文组织将格罗莫讷国家公园列入《世界遗产名录》。公园有两种不同类型的地貌：圣劳伦斯湾（Gulf of St. Lawrence）边缘的低矮海岸线和长岭山脉（Long Range Mountains）的高原。从沙滩海岸到高山，从森林到苔原，公园内处处是美景。除了这些如诗如画的风光，还有多种多样的植物和动物。公园内的地貌特征使得温带、寒温带及寒带地区的特有物种相互混合，生长在一起。

海岸的地貌多姿多彩，从陡峭的岩石、卵石遍布的区域，到柔软的沙滩，不可一一尽数。格罗莫讷公园处于加拿大的潮湿区域，每年大部分时间，山脉都被白云般的浓雾所笼罩包围

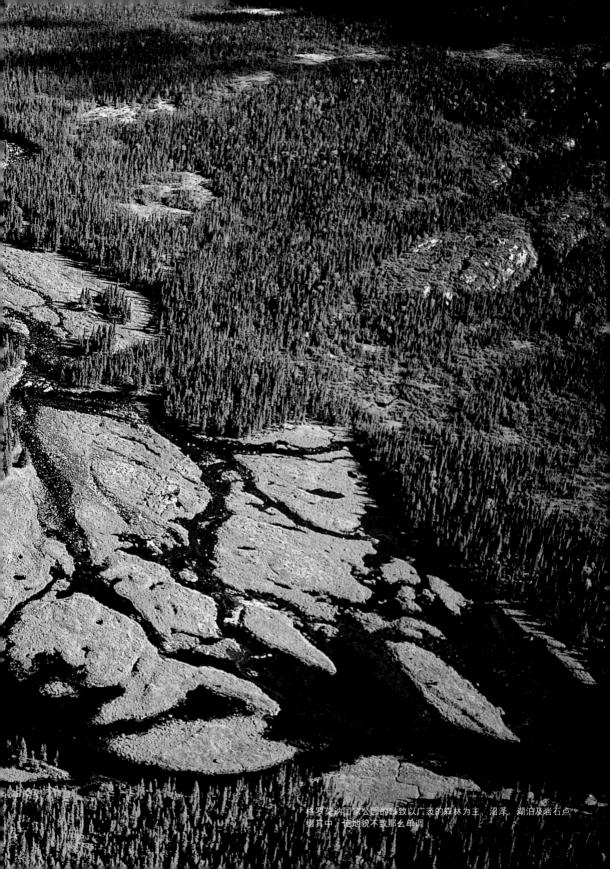

格罗莫讷国家公园的景致以广袤的森林为主，沼泽、湖泊及岩石点缀其中，使地貌不致那么单调

大西洋角嘴海雀是一种海鸟，隶属于海雀家族，与海鸥差别很大

公园内生长着700余种有花植物、400种苔藓和野草、400多种地衣，还有239种有记录的鸟类，包括夏天来避暑的隐士鸫、红玉冠戴菊鸟、黄腹扇尾鹟、冬鹪鹩，以及好几种鸣鸟，还有名字古怪的灶巢鸟。5000年前，这片大陆上最早的人类出现了，第一批定居于此的古印第安人来自拉布拉多地区（Labrador）的朗萨穆尔（L'Anse Amour），这里是拉不拉多地区的一个小城镇，北美洲众多古代坟冢所在地。之后，古爱斯基摩人（Paleo-Eskimos）也定居于此，以猎杀海洋哺乳动物为生，主要是海豹。他们在这里居住了16个世纪，却没有留下任何遗迹。所谓"近代印第安文化"（recent Indian cultures）是就晚于古爱斯基摩人所创造的文化而言。这些人在格罗莫讷留下的遗迹可以一直追溯到约1000年前。北欧人正是在那个时候到达纽芬兰海岸的。在这里的古代遗址中，可以发现北美洲最古老的欧洲人遗迹。其中一处北欧维京人（Viking）的定居遗迹发现于1960年，属于安斯梅多历史遗址（L' Anse au Meadows National Historical Site）的一部分。

在茂密森林的深处有一小小的湖泊，淡雅而宁静

冰川和水流的侵蚀揭示了公园内大部分古代岩石的结构

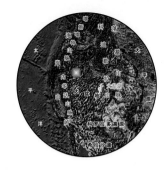

17

巨大的火山口十分宽阔，呈现出近似完美的圆形。历经世纪的变迁，中心形成的坑洞渐渐被雨水充溢

美国俄勒冈州

Crater Lake National Park
火山口湖国家公园

在北美洲的中心腹地有一座国家公园，名为火山口湖国家公园，借以保护当地强烈的火山活动引发的自然景观。8000年前，梅扎马峰（Mount Mazama）发生了剧烈的火山喷发，之后引发山体崩塌，结果产生一个巨大、深广的坑洞。随着岁月流逝，几千年过去了，火山口逐渐被雨水注满，形成了一座绝对举世无双的湖泊。

这里几乎没有水生生物。由于这个火山口湖泊既没有任何河流汇入，也没有任何河流外流，所以根本没有任何鱼类。湖水深达592米，是美国最深的湖泊，位列世界最深湖泊的第七位。这是地球上最纯净的湖泊之一，使得植物在很深的湖水里也能生长。

火山口湖国家公园建立于1902年，占地面积650平方千米。建立的初衷是为了保护珍贵的生态系统以及古火山口湖斜坡上的茂密森林。大量的猛禽包括苍鹰和各种秃鹰，以及啄木鸟皆栖居于此。同时还有大量的陆栖动物——一些中等体形的动物，比如狐狸；一些鼬类动物，比如貂；同时还有一些大型动物，比如黑熊。黑熊主要以浆果、青草、植物块茎和昆虫为生，偶尔也会猎食鹿（这里的鹿为数甚多）。

大量游客到公园内还会观赏到另一处奇景：一棵超大的铁杉树干已经在水中漂浮了100多年，如今依然随风在湖面上游荡，人们亲切地称呼它为"老头儿"。

火山口湖湖水深达592米，是美国最深的湖泊，位列世界最深湖泊的第七位，同时亦是世界上水质最清澈的湖泊之一

湖岸的陡坡，只有一部分生长着植
物，这是因为一年中大部分时间都
覆盖着积雪

一只赤狐正在教它的幼崽如何游泳
及不惧怕水。在保护区内，赤狐的
分布相当广泛

黑熊是公园森林内最普通的动物之一，其主要食物为新鲜的浆果和水果

苍鹰是本地最为强大而敏捷的掠食者，凭着其短小、丰满的羽翼及长长的尾巴，使得它即便在茂密的森林中，依然能做出快速和高难度的飞行动作

18

美国爱达荷州—怀俄明州—蒙大拿州

Yellowstone National Park
黄石国家公园

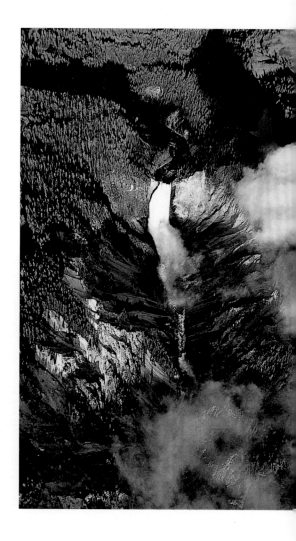

　　黄石国家公园内栖居着大量的北美洲动物，包括灰熊和黑熊、麋鹿和美洲野牛、猞猁、郊狼以及水獭和海狸。在这片无边无际的天地中，动物们分别生活在大森林、小河边及草原上。可惜这幅动物图画却不完整，还缺少一位成员的影子——狼。由于长期遭到猎杀，它消失了很多年。但是几十年前，人类决定要把狼重新召回自然界，以维持生态平衡。计划很快通过并实施，如今狼已经成为这里的重要居民，是北美洲身手不凡的捕食动物。它可以在这座最古老的国家公园的角角落落捕食自己喜欢的食物。

　　黄石国家公园是世界上第一座国家公园，1872年建立，借以保护先行者们为探索与开发"远西地区"（the Far West）而奉献终生的这片大地。这里同时是世界上最大的自然保护区之一，占地约90万公顷，兼跨怀俄明、爱达荷与蒙大拿三个州。

　　黄石国家公园是地球上最"热"的景点之一。有大面积裸露的岩浆物质，与地表非常接近，展示的地质现象让人永生难忘。有大量的间歇泉（共300座），无与伦比，举世无双。最古老的一座被称为"老忠实泉"（Old Faithful），被当作公园的象征而享誉世界，对它的评价和赞赏在过去的100年间从未

间歇泉是国家公园最著名及最有特色的景观之一。某些喷泉的喷发会呈现出准确的时间性和规律性，高度可以达到数十米

峡谷被水流持续地冲刷。广阔的森林、巨大的湖泊及渐次形成的火山岩构成了黄石国家公园的独特景观

郊狼是北美洲适应性最强的物种之一，它能够居住在与人类相近的地方，并从农民和游客的身上获取利益

雌性马鹿与它的幼崽。马鹿在秋季进行交配，雄性要依靠鹿角拼尽全力来获得交配权

改变。非常精准的喷发时间和超过61米的喷射高度总是让游客未见时心存质疑，而相见之后却又流连忘返。

石林、黄石湖（Yellowstone Lake，世界上最大的高山湖泊之一），数量庞大、瑰丽壮观的热液现象，其中包括公园北部活跃时间已超过11.5万年的猛犸温泉（Mammoth Hot Springs）以及石灰华阶地。这些景观每天能够吸引3万多名游客，这对于公园的管理构成一个巨大挑战。

约翰·科尔特（John Colter）是第一位穿越这片地区的白人，他亲眼目睹了这里的纯净与自然。在结束冒险式的勘探之旅后，他不时提到这片壮丽非凡的土地：水池中的泥浆吐着气泡向外翻滚，石井粗粝而静美，间歇泉准时将水喷向空中——这些景观如真似幻，令人难以置信，以至于很多年都没人肯相信他的话。

有很多探险考察活动都证实了科尔特的说法，其中态度最坚决的是费迪南德·海登（Ferdinand Hayden），与之同行的还有艺术家和摄影师。其实，尽管白人毫不知情，当地的原住民却十分清楚，黄石一带早就是图库提卡斯人（Tukudikas，印第安人的一支）的家园和狩猎场所。

为了留给子孙后代一个精神享受的美好家园，政府决定成立保护区予以保护。1872年，美国总统尤利塞斯·格兰特（Ulysses Grant）宣布建立黄石国家公园。1976年，黄石国家公园成为国际生物圈保护区，1978被列入《世界遗产名录》。公园南部与大蒂顿国家公园（Grand Teton National Park）毗邻。

母黑熊保护其幼崽不受伤害。这些小家伙展现出非凡的爬树技能，这种必要的能力让它们能躲避最大的敌人——公黑熊的伤害

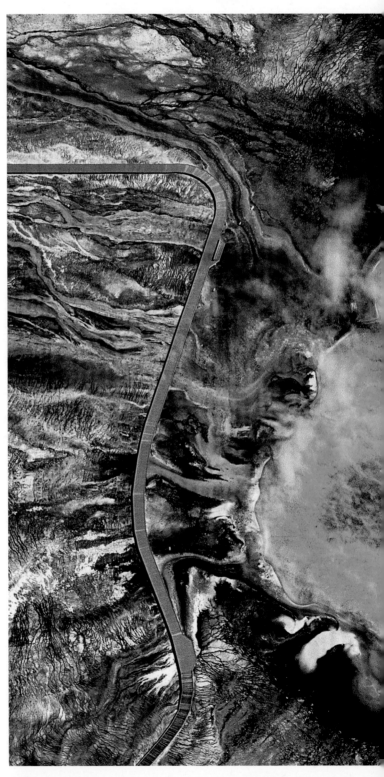

中途间歇泉盆地以其完美的环形和
绚丽夺目的色彩而闻名

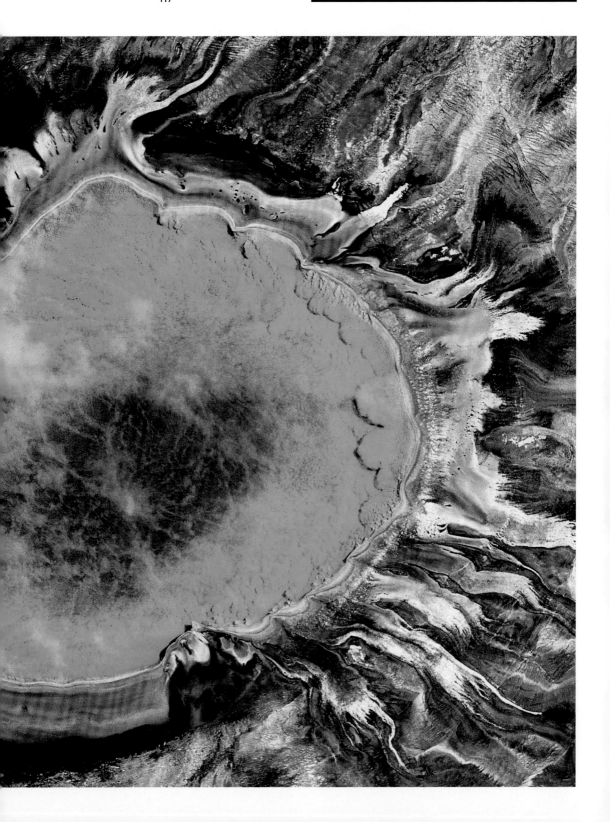

借助物种再引入的成功，大量的狼
重返公园，以猎食鹿和美洲野牛
为生

公园是地球上"最温暖"的地区之
一，这是因为岩浆物质处于上升的
态势，离地表很近，由此而为这一
系列令人难忘和独特的地质奇观注
入生机与活力

格兰特总统于1872年宣布建立黄石
国家公园，他与那些富有远见的美
国人所见略同，认为自然正经受着
日益增多的冲击与威胁

19

大蒂顿国家公园是北美洲具有代表性的荒野地区之一，公园大部分区域没有人类活动迹象

美国怀俄明州

Grand Teton National Park
大蒂顿国家公园

落基山脉逶迤、绵长，犹如北美大陆的脊梁：从美国阿拉斯加到墨西哥，将美国一些最大的国家公园连成一串。这些公园有的地方跟加拿大的"大北方"一样的"原荒"，也就是说缺乏人类活动的任何明显迹象。

大蒂顿国家公园建立于1926年，地处怀俄明州的西北部，与黄石国家公园、大峡谷（Grand Canyon）国家公园、布赖斯峡谷（Bryce Canyon）国家公园一样被划分为原荒地区。在大蒂顿国家公园内，一条嵯峨雄秀的山脉绵延达80千米长，有12座花岗岩构成的山峰，其中8座山峰的高度都超过了3500米。作为其中最高峰的大蒂顿山（Grand Teton），海拔达到4197米。

冰川遗留下的痕迹十分明显：大型冰斗、长长的冰碛以及其他奇形怪状的沉积物，都由千百年来河水的侵蚀所造就，而大量的降雪是水流持续不断的供给来源。冰川和冰雪滋育了无数的湖泊和冰碛湖以及大量湍急的溪流，由此又创造出许多华美壮丽的瀑布景观。

杰克逊赫尔谷（Jackson Hole Valley）地处山脉之中，位于公园内，是美国最冷的地方之一。冬季寒

麋鹿交配的季节是深秋——当雪季
开始时，雄性麋鹿开始彼此挑战，
进行一场漫长而筋疲力尽的战斗，
但是这场战斗不会造成流血

冰川和雪面覆盖了公园内的大量
湖泊

公园内蜿蜒着一条长约80千米的雄伟山脉，其中矗立着12座花岗岩峰峦，大多数的海拔都超过3600米

在国家公园的腹地，莫兰峰伫立于
杰克逊湖畔。此公园的建立，就是
为了保护落基山脉这一鬼斧神工的
地标景观

公园的最高峰几乎达到海拔4200
米。这里还有众多其他山峰，大多
数的海拔不超过3600米，其间分布
着大型冰山、冰川谷、冰碛及落石
沉积物

风凛冽，飞雪连天，似乎并不情愿为短暂而温暖的春夏让步。在这短暂的季节里，森林变成绿荫的天堂，小动物们欢蹦乱跳：松鼠、鼬鼠、臭鼬、狐狸奔跑着；数百种的鸟类飞舞着，在巨大的针叶树和落叶林中穿梭追逐。草原上野花盛开，既是大松鸡活动的场所，又是红尾鵟捕追猎物的理想天堂。

公园内还栖居着很多的食草驼鹿、长耳鹿和麋鹿，它们是很多大型捕食动物，比如灰熊、狼和郊狼的猎食对象。

在公园最平坦的原野上，一小群美洲野牛闲步其中，以随处可得的茂盛植物果腹

20

美国内华达州

Great Basin National Park
大盆地国家公园

　　宽阔的大盆地国家公园位于内华达州与犹他州的交界处，1986年建立。广袤的大盆地几乎占了内华达州的全境，大盆地国家公园是它的一部分。大盆地西界内华达山脉，北界哥伦比亚山，东界落基山脉与科罗拉多高原，东南与死谷为邻。

　　大盆地的地质史与地形地貌都别具一格。这是一个名副其实的盆地，平均海拔1500米，没有任何水流通向大海。盆地里分布着几条南北延伸的纵向山脉，各长100千米左右，并均承受过侵蚀与造山运动的反复作用。这些山脉围拢出数以百计的内陆水系，一般都类似湖泊（盐度各不相同），有红堡（Humbalt）河、卡松（Carson）河等内陆河注入。由于水汽遭山岳拦阻，雨水多落在外围。盆地内气候干燥，年降雨量不足250毫米。也正因为气候关系，只有典型的干草原与冷漠植物才能存活。

　　大盆地与外界长期处于隔绝状态，动植物虽然丰富多样，但与其他主要分布着小山小岭的地方的动植物还是有所不同（后者多已发展出高山牧场）。

　　这里的环境条件特别恶劣，人类难以存身，但还是发现了一些印第安人居住的历史遗迹，其年代可上溯万年甚至更早。大约百多年以前，这里发现了大

大盆地的沙漠被谢尔克里克岭所包围

公园的山岳从沙漠中突兀而起

惠勒峰是内华达州的第二高峰

沙漠的前面是沃克湖及格兰特峰。
格兰特峰为瓦瑟克山的一部分

这里的植被与干旱草原及冷漠的植物十分相近

量矿产资源（金、银和钨），于是美国各地以及欧洲的移民蜂拥而至，人口陡然增加。

内华达州的采矿业与养牛业并行不悖、相得益彰（养牛业是内华达州居民的主要营生）。在公园的众多山景里，列克星敦拱门（Lexington Arch）是最出类拔萃的一景。它高架在同名峡谷上、由石灰岩天然掏空形成。公园里有一棵取名"普罗米修斯"的刺尾松，树龄已超过4900岁。刺尾松是世界上最长寿的树种之一。惠勒（Wheeler）峰附近也发现了几棵这种树，有的还活着，有的已经死亡。惠特尼峰是内华达州的第二高峰，海拔3981米，上有美国最偏南的冰川流动。峰区早在1922年就已建立起国家纪念碑。

大盆地国家公园以土地干旱而著称。由于雨水缺乏，曾经的湖泊变得干涸

金雕是最大的鸟类掠食动物之一，
它栖息在山间最隐蔽的地区，已被
列为被保护动物

圈尾猫主要分布于美国的西南部
地区

利曼岩洞以非常稀有的岩石结构
闻名

21

美国犹他州

Bryce Canyon National Park
布赖斯峡谷国家公园

　　布赖斯峡谷以摩门教的拓荒者埃比尼泽·布赖斯（Ebenezer Bryce）的名字命名——他在这里生活了很长时间。峡谷属于落基山脉范围，少有植被，像一本翻开的大书，向世人展现出这个地区的地质史，人们可以从中了解这里数百万年历史进程中形成的不同沉积岩层的情况。

　　一些外部因素，尤其是降雨、河流和风力，如同技艺高超的雕塑家，历经悠久的岁月，创造出独一无二的景致，其中包括石峰、塔柱、高达数百米的垂直悬崖以及形状奇特的拱门。它们的轮廓如此工整完美，如同出自人类的能工巧匠。布赖斯峡谷国家公园（15 000公顷）坐落在犹他州的西南方，1926年建立，其目的是为了保护这里的地貌及地质构成。

　　迷宫般的峡谷沿着庞索贡特高原（Paunsaugunt Plateau）的东部边缘绵延近35千米，主要由片岩、砂岩和石灰岩组成。植被稀疏而散乱，在不同的高度和岩石侧面以多种多样的组合与形式绵延伸展。树林主要由杜松构成，它们已经在此生长了上百年，达到异常庞大的规模。这里的森林主要为松树，松树生命力顽强，可以生长在最陡峭的区域，表现出参差不齐的波峰状。

公园最具代表性的地形是绵延近35
千米犹如迷宫般的峡谷

初冬的第一场雪让布赖斯峡谷素雅
而壮观，宛若天堂

公园的野生动物以鸟类为主，至少已发现100种，其中有星鸟、雀科鸣鸟，大量的啄木鸟以及猛禽。身在其中，很容易就能听到啄木鸟极具特色的声音——不停地敲啄树干以寻找昆虫。而那些猛禽在高空翱翔展翅、一飞冲天的场景更是雄壮。红尾鵟、土耳其秃鹰和金雕喜欢缓慢地环形飞行，猎鹰和老鹰的飞行则迅猛快速。

公园内有普韦布洛族（Pueblo）和派尤特族（Paiute）的珍贵历史遗迹，他们都属于印第安人的部落，曾经在岩石间筑屋，在这里生活了很长时间。

公园建立于1926年，其目的是为了保护当地的景观和地质构成

在阳光的映照下，岩壁反射出温暖的橘红色，而白雪点缀其中，增添了无穷的魅力

从这个角度看去，布赖斯峡谷宛若一座寂静的城市，高楼遍布其中。这就是大自然的神奇力量，这肃穆壮观的场面很少有人能够看到

22

美国犹他州

Arches National Park
天然拱门国家公园

　　天然拱门国家公园地处犹他州的沙漠区域，坐落于科罗拉多河（Colorado River）与格伦河（Glen River）之间。以地质现象丰富、岩石多彩（有红、黄、褐多种色彩）著称。

　　当地属于明显的大陆干旱气候：雨水极其有限，温度变化剧烈，冬季滴水成冰，夏日酷热难耐，夜晚温度急剧下降。这里的动物为了适应生存，不得不采用特殊的生活方式：许多鸟类属迁徙性（候鸟）；哺乳动物和爬行类动物则昼伏夜出以躲避酷暑，或者冬眠以挨过漫漫寒冬。

　　天然拱门国家公园的面积31 000公顷，这里不仅居住着北美洲体型最大、最引人瞩目的哺乳类动物，包括熊、鹿和郊狼，还有大量的爬行类动物，如响尾蛇。响尾蛇含有毒性最强的毒液和敏锐的感觉系统，能够通过探测猎物的热辐射来定位捕捉。

　　这里的地面蒙着一种非常薄的黑色土层。上面生长着一些植物，包括地衣、蕨类和藻类植物。

　　公园以天然形成的拱门而闻名，故以此命名。这里拥有世界上最大、最集中的风蚀地貌群，共有超过2000座天然拱门，其中最著名的是"精致拱门"（Delicate Arch），有着完美的比例和造型。

在天然拱门国家公园内，伫立着
2000多座造型奇特的天然雕塑

德鲁伊德拱门形态独特，非常具有
吸引力

天使拱门静立在国家公园的中心

红色沉积岩呈现出两座拱门的形状，图中可以清晰地分辨出一系列不同地质时代的岩层

精致拱门所在的地区非常干旱，几乎没有植被，然而远处的山脉却一片绿意盎然

"恶魔花园"满是侵蚀严重的条状尖锐岩石，一副光秃秃的模样，没有任何植物

历经千千万万年的风化和雨水的侵蚀，天然拱门呈现出独一无二的形状，好像将窗户和空洞雕刻在各种高度的岩壁上：尖塔、独石、圆柱。这些都是实实在在的天然雕塑。

这里于1929年在原有的国家自然名胜区的基础上成立了国家保护区，但是直到1971年才成立国家公园。岩石上有大量自然形成的"石罐"，能够积存稀少的雨水和风带来的沉积物。这里是微小生物的家园，这些微小生物能够在缺水的环境中生存很长时间，并且能够适应极度脱水的情况。在由昆虫、两栖动物、爬行动物和其他小动物构成的食物链中，微小生物在其中扮演了一个不可或缺的角色。

人类学家和考古学家对于冰河时代猎人的遗迹怀有极大的兴趣。他们生活在10 000年前，或许是这片地区的最早定居者。

一丛丛稀疏的灌木能挨过漫长的干旱时期，在谷底顽强地存活下来

好几座拱门默默守卫着国家公园内的偏远区域。在遥远的冰河时代，猎人们就已把这里当作理想的避难所了

风、雨、雪，这些风化因素是自然界最伟大的雕刻师，它们能够创造出不可思议的艺术作品

精致拱门是公园里最著名的拱门

沉积岩来自岩石的层层积累，由地球的力量塑造而成，高高耸立着，每天都要抵抗风、雨及严寒的侵袭。而这些自然因素会将石质软化，从而任意改变岩石的轮廓

暮日低垂，阳光昏黄而温暖。拱门的影子不断拉长，在越来越多的红岩上创造出精美绝伦的图景

23

风不断地将岩石分解后形成的沙粒吹走，创造出一个奇妙而富于变化的世界

美国科罗拉多州

Great Sand Dunes National Park
大沙丘国家公园

更新世时期（距今约180万年—1万年），冰川占据了圣路易斯谷（San Luis Valley）的大部分，在科罗拉多州这片广阔的区域内，沙丘开始形成。借助风力的吹动，沙粒慢慢堆积。作为岩石分解的产物，它们累积成不同的形状，并创造出一个匪夷所思的世界——一片不断变幻的沙山瀚海。仅少数地方的局部沙丘才长有稠密的植被。

沙丘为复合生态系统带来勃勃生机——湖泊和暂时或永久性蓄水池为大量的当地物种及濒危物种提供了生存机会。在梅达诺河（Medano Creek）和桑德河（Sand Creek），可以观察到一种叫作"水溢"的特殊现象：在一个固定的间隔时间内，溪流在向前流动时，会突然有规律地停顿一下，大约15秒后会再次流动，过一段时间又继续出现上述现象。这是因为沙丘在水流的流动方向上累积并形成一个障碍。很快，被堵塞的水流在此不断上涨，最后溢过沙丘继续向下游流动。

高峰上冬日的冰雪随着气温升高而不断融化，源源不断地为梅达诺河和桑德河供应水源。当河水流动时，被带走的沙粒会逐渐累积，于是形成水下

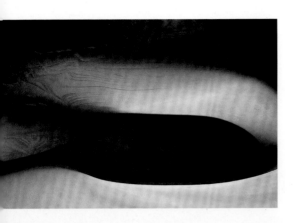

沙丘。

　　大沙丘国家公园是美国最年轻的保护区之一，由比尔·克林顿总统于2000年宣布建立，其目的是为了更好地保护自然景观。1990年，由于受到日益严重的金矿开采的威胁，大沙丘成立国家保护区予以保护，其中包括桑格雷-德里克斯托（Sangre de Cristo）原荒保护区及桑德河和梅达诺河的汇水盆地。整个区域的占地为34 400公顷，作为格兰德河森林（Rio Grande Forest）的一部分，由国家林务局（Forest Service）管理。

　　公园内栖居着多种鸟类，包括啄木鸟、松鸡、秃鹰、红头美洲鹫、鹰和猫头鹰。还有鼬科动物（貂）、犬科动物（郊狼）在此生活着。

多亏沙丘的拦围，由树木、草丛和灌木构成的生态系统才得以存在

更新世时期，冰川已经覆盖了圣路易斯山谷的大部分区域，而此时，沙丘才刚刚开始形成

24

美国加利福尼亚州

Death Valley National Park
死谷国家公园

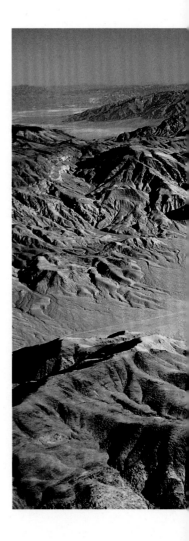

　　死谷是地球上最不适宜人类居住的地区之一，同时也是最奇异的地方之一。只要站在但丁观景台（Dante's View）上一览这里的全景，就能明白美国人对于诗人但丁（Dante）所描绘的"地狱"（Inferno）的理解了。

　　这里的日常生活必须与白天的酷热、夜里剧降的低温以及几乎完全缺水的环境做斗争。只有少量的植物能够在这里生存——它们可以在枝茎和根部贮存水分。而动物只有极少能在岩石和沙漠中存活。这些动物大多带有致命的毒汁，这是大自然赠予的礼物。对于响尾蛇和蝎子来说，也许只有这些毒汁可以帮助它们幸存下来。死谷坐落在莫哈韦沙漠（Mojave Desert）的北部，与内华达州接壤，是美国气候最热的地区之一。根据1913年7月的记录，这里的温度曾达到57℃。国家公园从北到南有240千米，路况十分恶劣，两侧分别是阿马戈萨岭（Amargosa Range）和帕纳明特岭（Panamint Range），两座山岭的高度均超过3000米。公园内的巴德沃特盆地（Badwater Basin，意为"恶水盆地"），位于海平面下85米，是西半球的最低点。这么命名，是因为这里水的盐度

由于一些西部片曾在这里拍摄取景，死谷公园现在已经成为世界上最著名的国家公园之一

巴德沃特盆地位于海平面以下85米，这里酷热难耐，生命难以在此存活

风力将沙丘区域塑造成一个千变万化的世界，就像一位奇思妙想的建筑师创造出无数精致典雅的作品

在太阳残酷的炙烤下，泥浆开始变得干硬、碎裂，直至形成蔓延数十千米、引人瞩目的"马赛克"

很高。了解到这些情况，就能明白为什么死谷是许多地质爱好者眼中的天堂了。在仅有的绿洲和淡水泉中，最有名的地方是弗尼斯溪（Furnace Creek），美洲印第安人和之后的淘金者曾频繁地在这里出入往来。索尔特溪（Salt Creek）的溪水是沙漠鱼（盐鳉）的理想天堂。这种鱼能够生活在温度43℃、比海水盐度几乎高出4倍的水体中。然而如今，沙漠鱼已经处于灭绝的边缘。

19世纪末，勘探者在死谷发现了硼砂，这种物质是制作玻璃的原料，在硼矿博物馆（Borax Museum，位于弗尼斯克里克）中专门展出。一个由当地硼砂矿山老板命名的地方——扎布里斯基角（Zabriskie Point），因出现在意大利导演米开朗基罗·安东尼奥尼（Michelangelo Antonioni）的一部著名影片中而名扬四海。游客们纷纷前往，从这个景点欣赏黄金峡谷（Golden Canyon）的全景。公园的西部被一片广袤的沙丘覆盖，在风力的吹拂塑造下，呈现出半月形的奇妙形态。1933年，死谷成为国家天然名胜地区；1984年被授予"生物保护圈"的称号；1994年，园区内95%的地方划为原荒保护区。同年，整个死谷486 000公顷的土地被定为国家公园。

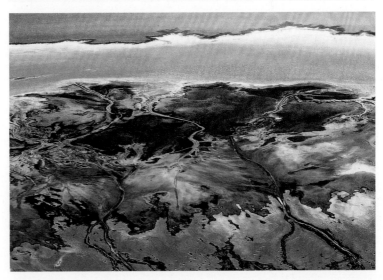

公园的平原地带存留着盐积物、沙丘及干涸的盆地

不同种类的矿物含量让岩石呈现出
丰富而绚烂的色彩，由于硫黄及氧
化物的存在，岩石的颜色从纯白、
褐色到黑色逐渐变幻

沙丘变幻无常，总是不断地被狂风塑造、搅动，以至于植被无法生存

夏季时，气温直线飙升，好几个月内都滴雨不下，然而到了冬天，气温会急转直下，通常到零度以下

25

美国加利福尼亚州

Sequoia and Kings Canyon National Parks
美洲杉和金斯峡谷国家公园

尖耸、瑰丽的惠特尼山峰是美洲杉国家公园耀眼的明星

　　壁立千尺、雄壮高耸的山脉,奇峻险峭、难以涉足的岩石峡谷,还有寿达数百万年的巨树林,这就是内华达山脉的基本特色。北美洲几座最高山峰也隶属于内华达山脉范围。美洲杉国家公园和金斯峡谷国家公园比肩而立,紧密相连,虽然分别建立于不同的年份,可是现在合并为一座国家公园——美洲杉和金斯峡谷国家公园,面积350 000公顷。保护区保护着一片美国最大的巨杉树林(在美国最高的5棵树中,有4棵在这片巨杉林里)、冰川区和穿越岩石峡谷的水道。沿着东部边界,与遥远的地平线相比衬的是北美洲的最高峰之一——惠特尼峰(Mount Whitney, 4412米)。因为乔赛亚·惠特尼(Josiah Whitney)在1873年首次成功攀上顶峰,所以这座山就以他的姓氏命名。坐落在这片区域的还有金斯峡谷(Kings Canyon)。这是一个冰川峡谷,宽阔的峡谷在这儿陡然变窄,并且是北美洲最深的峡谷。

　　公园的地表下有着非比寻常的地质特征。在大理岩分布的地方,存在着巨大的洞穴群(最新统计洞穴超过200个),其中有加利福尼亚州最长的洞穴——利伯恩洞(Lilburn Cave)。到目前为止,这

巨杉是一种极为长寿的树种，可以存活千年之久。从进化的观点判断，它是一种古老而历史悠久的植物

金斯峡谷国家公园内呈现出不同纹理的岩石，为各种不同岩层的地质属性提供了直接证据

一株被火烧过的巨杉树干几乎被另一棵更为年轻的杉树完全包裹起来

座洞穴内已探索的距离超过24千米。

公园的环境极其多样：从低海拔地区的各种常见植被——灌木丛和常绿阔叶灌丛（灌木的一种）到高山的冰川全有。因为环境的多样，动植物种类的繁茂和生态系统的丰富多变成为公园最有价值的特色之一。

美洲杉国家公园以巨杉闻名。巨杉是一种古老的树种，被称为真正的活化石。公园南部分布着一片巨杉林，称为巨人森林（Great Forest）。但最引人注意的却是一些单个矗立的巨杉。也正是它们通过照片和文献记载而给人永铭不忘的印象。号称"谢尔曼将军"（General Sherman）的巨杉被认为是世界上最大的树，高达84米，树干基部的直径达到11米，据估计至少已有3200年的树龄，也有可能达到4000年。小一些的是名叫"格兰特将军"（General Grant）的巨杉，即被称为"美国国家级圣诞树"（The Christmas Tree of the Nation）的巨杉，是世界第三大树。

摩洛岩（Moro Rock）是公园中可以纵观全景的地方之一，在这块巨大的花岗岩上，可以欣赏到内华达山脉及其中心谷地的绝妙景致。

美洲杉国家公园建立于1890年，是美国第二个国家公园。在它建立一个星期后，格兰特将军国家公园（General Grant National Park）与约塞米蒂国家公园（Yosemite National Park）同时成立。金斯峡谷国家公园则成立于1940年。

一缕阳光将国家公园的瀑布渲染得瑰丽缤纷

"谢尔曼将军"树举世闻名

树木幼苗的存在证明森林的生态系
统运转正常

耸立的山峰状如锯齿，魁伟的轮廓
倒映在高山湖平静的湖水中

帕利塞兹山脉是公园内保护得最为
完好的区域

拉塞尔峰及惠特尼峰全部跻身于公园内最雄伟壮丽山峰的行列

26

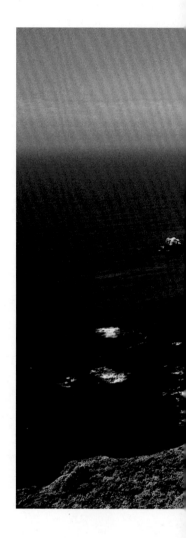

美国加利福尼亚州

Big Sur Region State Parks
大瑟尔地区州立公园

　　加利福尼亚州的海滩素以开阔闻名。这里的生态系统，夹在狂暴（远不"太平"）的太平洋与多山的沿海地带之间，显得非常独特。沿海地形跌宕起伏，树木葱郁。这一带是大量电影和纪录片取景地，因而举世闻名。这里也是鸟类迁徙途中必经之处，数以百万的海鸟会聚集在海岸停顿休憩，场面喧嚣宏大；海獭和海狮则把这里当作自己的专用属地，借着巨型海藻的掩护俘获猎物。这种海藻是一种大型的昆布科海洋藻类。

　　大瑟尔（Big Sur）沿着这片传奇的海岸线展开，从旧金山以南的卡梅尔到洛杉矶以北的圣西蒙，绵延近130千米。名称源于西班牙语"El Pais Grande del-Sur"，意为"大南方地区"，19世纪由西班牙人第一次为这里命名。人们一向认为这里是加利福尼亚沿海最美的地段之一。最著名的景区是1号高速公路（Highway 1），它沿着大瑟尔海岸伸展，嶙峋峭耸的岩壁以及被海风吹荡的沙滩尽收眼底。沿途几乎没有任何建筑和人类的足迹。

　　如今，大瑟尔地区已经建立了多个保护区，其中包括洛博斯角（Point Lobos）州立自然保护区、

只有最平坦的土地才适宜植物生长。一种叫作沙巴拉（Chaparral）的矮槲丛，与地中海地区的矮灌木丛极为相似，就生长于此。这种植物广泛分布于其余的多岩地面上

在加利福尼亚的海滨地区，雾气是一个反复出现、挥之不去的元素。浓重的雾气在海洋上空形成，被微风吹送至海岸，带来舒爽宜人的湿润空气

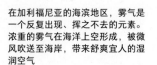

大瑟尔的海岸，面临波涛汹涌（很少安静）的太平洋，背靠荒芜险峻的群山

安德鲁·莫雷拉（Andrew Molera）州立公园、费弗大瑟尔（Pfeiffer Big Sur）州立公园、朱莉娅·费弗·伯恩斯（Julia Pfeiffer Burns）州立公园等。大瑟尔地区的公园与北起蒙特雷（Monterey）南到莫罗贝（Morro Bay）之间的其他州立公园相依相连。

保护区都有公路纵横其中，交通极为便利，自然环境也丰富多样：岩石坚耸、幽深陡峭的峡谷中，一条激流汹涌的河流喧嚣而过，而不远处，瀑布如银河倒挂，倾入永恒不逝的河流中；斜壁荒芜，岩石突兀；森林茂密旺盛，落叶树和针叶树高低栉比，着实精彩。而香冠柏主要生长在洛博斯角区域，碧绿高雅，有幽香沁人。

这片地区动物种类丰富，包括鹿、狐狸和水獭，尤其让人惊异的是各种鸟类杂居在一起，筑巢为家，十分和美。由于加利福尼亚海流的汇入，这片海域水产丰富，大型动物和小型的生命形式都能在此看到。因为这里的食物来源巨大，鲸和其他迁徙的鲸目动物对这里都非常感兴趣。

太平洋的海浪不断冲刷着加利福尼亚海滩。这里的海滨区域以浩瀚的大海和丰富多变的自然景观而著称，或岩壁耸立，或黄沙漫漫

27

一只浣熊把树干当作藏身之所。浣熊因其黑色的眼圈而易于辨认

美国加利福尼亚州

Yosemite National Park
约塞米蒂国家公园

　　岩石的绯红、晴空的幽蓝、松林的黛绿，这些就是约塞米蒂国家公园令人永恒难忘的色彩。对于每年数百万来访者来说，约塞米蒂国家公园真正是一座纪念碑式的天然胜地。

　　公园坐落于美国加利福尼亚州中东部的内华达山脉里。山脉相对年轻，约成形于300万年前。当时大量的岩浆向上涌动，造成整个地区的隆起，内华达山脉由此形成。岩区在外界因素的影响和雕琢打磨下，形成了让人惊叹的自然之作，比如半圆顶山（Half Dome）。它是公园最著名的景点之一，成为安塞尔·亚当斯（Ansel Adams）的摄影作品中永生传世的美景。半圆顶山原本是一座海拔2712米的山峰。15 000年前，由于受到冰川的侵蚀，山峰分作两半，形成今天的相貌。约塞米蒂瀑布（Yosemite Falls）也是一道独特的风景线，它是北美洲落差最大的瀑布，高760米。在冰川界点和隧道观景点，游客可以眺望极致的远景，观赏巍峨的酋长岩（El Capitan）——世界上最大的裸露花岗岩。

　　建立公园的初衷不仅是为了保护这片神奇美丽的净土，还要守护世界上最高大、最壮美的树种红杉林——马里波萨丛林（Mariposa Grove）。这片古木

由于土地贫瘠，树木早已了无生机。枯萎的树干被风销蚀后，峭然独立

埃尔卡皮坦山雄伟的半丘状身躯，从林木葱郁的谷底耸立而起。下面奔流的是汹涌的默塞德河

参天的巨大杉林生长在公园南部，植株大多超过了3000岁，树高几乎有90米，基底直径能达到10米。

在约塞米蒂博物馆（Yosemite Museum），游客可以领悟及了解到米沃克族（Miwok）及派尤特族（Paiute）印第安人的历史和风俗习惯。这些印第安人已经在这个地方生存了近8000年，是这里最早的居民。

1864年，美国总统林肯（Abraham Lincoln）宣布，约塞米蒂地区是"整个国家及子孙后代的共同财富"。1890年，约塞米蒂国家公园正式成立，总面积达3100平方千米。值得铭记的是，世界上第一座国家公园——黄石公园，也是得益于林肯总统当年的重要发言而在1872年建立的。

约塞米蒂瀑布从760米的高处飞流直下，汇入公园内的一条河流中

新娘面纱瀑布犹如一条白色丝缎，将岩壁映衬得更加亮丽绯红

在落日的余晖中，一群长耳鹿在约塞米蒂国家公园内的埃尔卡皮坦山脚下悠闲吃草

浓雾氤氲中，大教堂岩只有部分区域隐约可见。大教堂岩地处约塞米蒂公园内的中心区域，是内华达山脉一座宏伟壮丽的岩峰

28

从岸边就能一眼瞥见阿纳卡帕岛的海崖。保护区内的岛屿还包括圣克鲁斯岛、圣罗莎岛、圣巴巴拉岛、阿纳卡帕岛以及圣米格尔岛

阿纳卡帕岛上生长着茂盛的草甸，雨季结束时，整个岛屿都呈现出闪耀明亮的绿色

美国加利福尼亚州

Channel Islands National Park
海峡群岛国家公园

春季的加利福尼海岸，花朵五彩斑斓，芬芳宜人，犹如厚厚的地毯，铺满整个海岸

　　海峡群岛靠近加利福尼亚州海岸，是广阔的海峡群岛国家公园的一部分。它所在的海域，属于太平洋鱼类最丰富的海域之一。近年来作为观赏大白鲨的最佳景地而广为人知。海洋的致命杀手大白鲨喜欢在这片海域游荡，猎捕海狮和其他大型猎物。它们体形硕大，身长6米，约3300公斤重，拥有非常锋利的牙齿、高度协调的感觉器官和超乎寻常的速度。大白鲨是加利福尼亚州南部海域最大的海洋哺乳类掠食者之一。

　　海峡群岛公园由火山岩岛群组成，位于洛杉矶以南的圣巴巴拉的近海。公园于1980年建立，包含海峡群岛8个岛屿中的5个，即圣克鲁斯岛（Santa Cruz Island）、圣罗莎岛（Santa Rosa Island）、圣巴巴拉岛（Santa Barbara Island）、阿纳卡帕岛（Anacapa Island）、圣米格尔岛（San Miguel Island）以及岛屿周围的水下区域。公园的面积达到101 200公顷。

　　群岛上几乎没有人类活动的痕迹。作为一个区域生物圈，是一个非常重要的保护区：目前这里栖居着将近2000种动植物，其中145种是本地特有的。特

圣米格尔岛贝内特角湾岸上的海豹
和海狮

在灰鲸漫长的航行中，它们会路过
保护区内的部分海域，然后抵达最
终的目的地——北冰洋

褐鹈鹕是捕鱼能手，它们能够迅敏
地从高空潜入水中捕食猎物

有动物包括岛屿灰狐、斑臭鼬和夜蜥。当灰鲸、海豚和其他的海洋哺乳动物在迁徙的途中穿越圣巴巴拉海峡时，群岛就成为最佳的观赏地之一。这里还有体型巨大的海象和海狮。沿线上生活着很多的动物，尤其在涨潮期间，为迁徙的海鸟提供大量丰富的食物。

数量庞大的鱼群吸引了众多的海鸟，它们汇聚于此，纷纷在岩石以及鱼类丰富的近海区域筑巢栖息。丰富的食物来源造就了庞大的褐鹈鹕群。褐鹈鹕犹如神奇的潜水员，迅速从空中垂直落入水中捕食鱼类，宛若一柄鱼叉。与之相似的还有海鸥、燕鸥、剪嘴鸥及管鼻鹱。

为了保护鸟类和其他一些野生动物，尤其是确保筑巢期间的鸟类不受外界干扰，游客到海峡群岛游览观光，即便是一日游，都会受到严格限制。

岩石在海水的雕琢下，呈现出奇特的轮廓，好像一道巨大的拱门从激流涌荡的海水中赫然而出

一簇簇柱状海藻随浪摇曳，构成海
底世界的独特景观

加利福尼亚的南部海岸水域物产丰
饶，拥有大量的海洋动物

海葵遍布于这个地区的海底深处

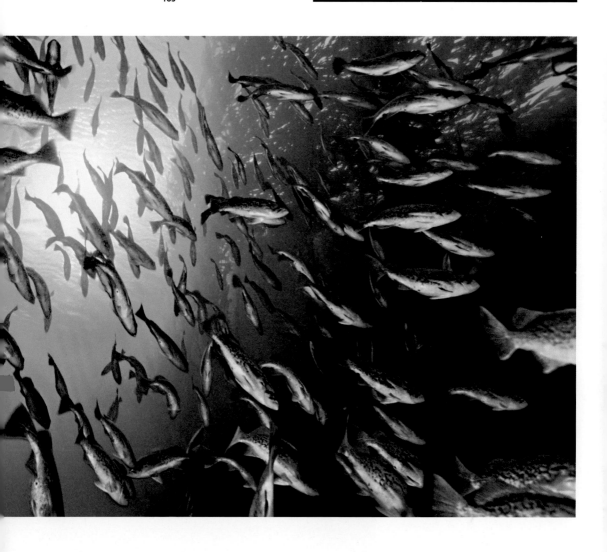

一条鱼长着奇妙的背鳍，静静地躲藏在水草中

色彩炫丽的六线鱼广泛分布于太平洋沿岸，以其身上的彩色条纹而易于辨认

受到大量海狮及海象的吸引，大白鲨经常出没于这片海域。它的身长通常超过6米，身体硕重，拥有强大可怕的牙齿构造、完善的声纳系统和非比寻常的速度。大白鲨是海洋中最具攻击力的杀手之一

29

美国夏威夷群岛

基拉韦厄火山喷发时的奇异景象

Hawaii Volcanoes National Park
夏威夷火山国家公园

　　长久以来，夏威夷群岛（Hawaii Islands）一直在承受人类殖民拓展所带来的严重后果。在250年的时间里，许多动植物永远消失了，还有其他大量生物受到各种伤害。黄颈黑雁，又叫夏威夷雁，就是一个很好的例子。20世纪50年代，这种处于野生状态的优雅的水禽，不幸遭到灭顶之灾。剩下的几只被人类饲养，它们最后得救并幸存下来，经过人工养殖繁殖出了后代，继而创造了一个新的家族血统。夏威夷僧海豹亦同样处于濒临灭绝的边缘，直到最后一刻才被维护海洋的保护机构和其他的保护区拯救。夏威夷僧海豹是僧海豹的三个亚种之一，剩下的两种为地中海僧海豹（也许已经灭绝）和加勒比僧海豹。

　　夏威夷火山国家公园内耸立着两座活火山，因而堪称"垂直而立的公园"。公园包括温暖的热带水域、被海水冲刷的海岸、岛上第一大火山冒纳罗亚火山（Mauna Loa，海拔4165米）和仍然处于喷发状态的基拉韦厄火山（Kilauea）的破火山口。对于火山学家来说，这座公园是一个真实的实验室，他们可以研究群岛中各个岛屿的形成问题——有些是世界上最为孤独的岛屿，处于太平洋的中心，与最近大陆的距

火山喷发的标志——快速爆发，同时将石块及尘埃抛向空中

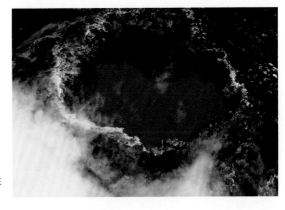

没有溢出的火山熔岩会把火山口注满，随后形成小型盆地

火山熔岩的冷却过程及时间范围决定了它独一无二的风景地貌。随着时间的流逝，这里会逐渐被植被所覆盖

岩浆依旧在流动，极度炙热。它在已经冰冷且凝固的火成岩中喷薄而出，势不可当

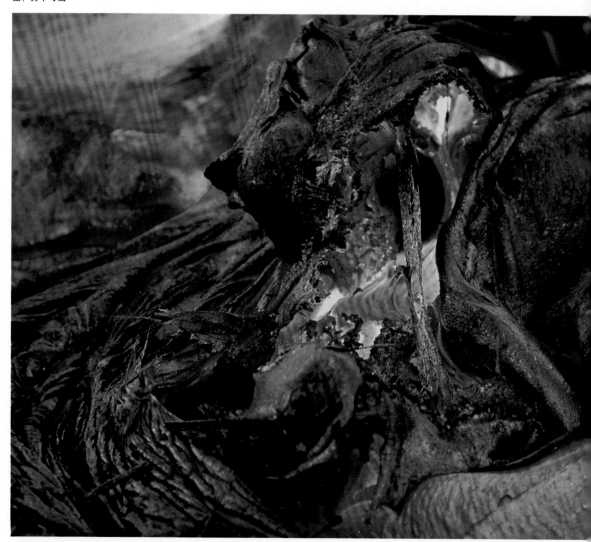

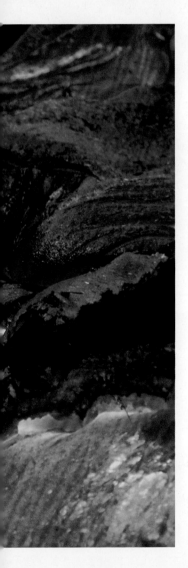

离也超过4000千米。

夏威夷群岛有5座活火山，至今仍不断向外喷发着蒸汽和岩浆流，十分壮观。群岛是一条7000多万年前因洋底板块运动所形成的海底山脉的一部分，位于"热点"区域（地球表面长期历经活跃的火山活动的地区）之上，因此不断有岩浆物质从地壳向上喷涌。

由于群岛孤立隔绝，在此栖居的动植物大都是本地种。事实上，当地特有种在岛上现存的所有物种中比例占到90%。这里的生物多样性水平非常高，甚至超越了科隆群岛，即加拉帕戈斯（Galapagos）群岛。但是今天，岛上的生物却需要面对很多威胁——包括公园栖息地的减少、火灾的频繁以及由人类所带来的外界物种的入侵。某些物种是由人类特意引进的，比如山羊、猪和猫鼬，而其他物种则属于"秘密"移民，包括老鼠和大量有害昆虫。结果这些入侵者极大地破坏了岛上弱小鸟类的生存环境。这些鸟通常将巢筑在地上，完全暴露在未知的掠食者面前，结果是鸟蛋和幼鸟遭到破坏及伤害。

夏威夷火山国家公园至今保留着古波利尼西亚（Polynesian）人的历史遗存，因此对于人类学及民族志的研究具有极其重要的价值。约1600年前，古波利尼西亚人历尽艰险，从马克萨斯群岛（Marquesas Islands）迁移到夏威夷，成为这里最早的居民。世界各地的人类学家来到夏威夷群岛，希望能仔细研究古波利尼西亚人的遗存，这些遗存历经千年仍保存完好，但是今天却面临着来自社会和日益增长的人口的威胁。

1916年，夏威夷国家公园建立，之后在1961年更名为夏威夷火山国家公园，1980年宣布为国际生物圈保护区，1987年列入《世界遗产名录》。总面积为135 000公顷。

火山一次次地喷发，熔岩亦随之层层叠叠地累积起来，形成童话故事中才会出现的神奇图案

30

美国犹他州—亚利桑那州

Monument Valley
纪念碑谷

　　纳瓦霍部落公园（Navajo Nation Tribal Park）既不属于国家公园，亦非生物圈保护区，可是占地面积却达到12 100公顷，位于其中的纪念碑谷更是地球上最壮美的奇景之一。开阔平坦、变幻无常的沙地上，岩石突兀而起，形成天然石塔。这里曾经为许多美国西部影片提供了真实的场景，如今依然是从亚利桑那州的凯恩塔（Kaynta）到犹他州的梅西肯哈特（Mexican Hat）的163号州级公路沿线的一道壮丽风景线。

　　纪念碑谷内的每一座山峰都各有其名，其中最著名的是比尤特城堡（Castle Butte）峰、纳塔尼·曹（Natani Tso）峰以及布里厄姆墓碑（Brigham's Tomb）峰。比尤特城堡峰是这片大地最值得拍摄的景点，历经千百万年的沧桑巨变，呈现出一派古朴和静美。由于受到风、雨和冰雪的侵袭，在岁月逝去的指间，这座位于纪念碑谷的岩石堡垒以一种不易察觉的方式，处于不断的变化之中。

　　纪念碑谷的夏日里酷暑难耐，而冬季却滴水成冰，白雪覆盖住所有的山峰和山谷，动植物难以生存。很多地方植被稀疏，分布其间的多半是些在如此严酷的环境里仍能神奇生存的草类。在经过春季的细

历经数千年的岁月，在风力的侵蚀下，岩石逐渐被雕琢成生动形象、让人难以忘记的建筑造型

在如此贫瘠荒凉的地域，植物却能生长得如此繁盛茂密，简直是个奇迹

大多数美国人都把这个公园当作"远西地区"的象征和传奇拓荒者的家园

雨霏霏后，谷内也就有了更多的绿意。

栖居在这里的野生动物是北美洲适应性极强的掠食者，包括郊狼和美洲狮。它们的兽穴位于岩石中，以猎捕兔子、鹿、鸟类以及一些中型动物为食。鸟类和爬行类动物极具代表性，它们的适应性更加出色，在永无止境的干旱季节里可以幸免并存活下来。

大部分的地域曾经属于纳瓦霍（Navajo）印第安部落所有，他们知道如何在这样一个干旱恶劣的环境中生存下来。纳瓦霍人留下过很多的生活遗迹，然而随着欧洲殖民者的到来，这些痕迹慢慢消逝不见了。幸运的是，这片遥远地平线上的净土，美丽依然。

春雨微霁。雨量虽然稀少，却仍然给山谷增添一抹绿意

谷底岩堡和岩柱的黄昏投影越来越长

美洲狮的幼崽已经渐渐长大，它躲避在岩石空洞形成的巢穴中，使自己免受太阳的毒热炙烤

公园是多种爬行动物的家园，它们能很好地适应长时间的干旱而生存下来

一只美洲狮冒险进入干旱区域，期待能有所收获

枯死的树木向着天空伸出的枝丫。远处的巨人岩仿佛举目凝视着地平线

面对沙荒，郊狼犹豫着要不要出去捕食

随着岁月的流逝，在风力、降雨
及严寒的销蚀雕琢下，纪念碑谷
的景观在潜移默化地改变着

到目前为止，岩石塔的形象已经成
为美国西部地区的经典景观了

远处的岩石轮廓清晰可辨，身躯庞大，在地平线向远方无际蔓延。这种景观在世界其他地方很难见到

纪念碑谷地的每座山峰都有名称。在雾气中耸立的山峰中，左边为比尤特城堡峰，中间的是纳塔尼·曹峰（"首领"峰），右边的则是布里厄姆墓碑峰

31

这个区域有着复杂多变的气候，在高海拔地区，白雪皑皑，历经整个冬天都不会融化

美国亚利桑那州

Grand Canyon National Park
大峡谷国家公园

　　科罗拉多河（Colorado River）在美国西南部的干旱、多山地区长途奔流，最后注入加利福尼亚湾。这里向来是美国大批"西部电影"的取景地，所以全世界的电影观众对它都很熟悉。尤其是大峡谷一带，经过科罗拉多河对沉积岩岩层千百万年的侵蚀，使得大峡谷达到如此恢宏的惊人深度，从而在电影史上成为一颗不折不扣的外景明珠。

　　大峡谷国家公园面积485 000公顷，保护着大峡谷这个宏伟、壮丽的地质景观。大峡谷公园是否是世界上最知名的美国公园尚无法定论，但肯定是美国游客最多、最负盛名和最受欢迎的国家公园之一。

　　大峡谷长约450千米，最深超过1600千米。邻近的山脉最高海拔2804米。这里是地质学家最理想的野外考察宝地。它仿佛一部特殊的书籍，人们可以从中学习到地球20多亿年间的历史。大峡谷地层的侵蚀活动与垂直构造运动已经把地球各个地质时期（从元古代直到当代）表现得一清二楚。一整套的岩层彼此井然有序地上下排列。很多岩层非常古老，最古老的当推"毗湿奴片岩"（Vishnu schist），形成在20亿年前。

　　大峡谷公园尽管气候干旱，但仍然包含了落基

在科罗拉多河的冲击侵蚀下，山中出现了幽深的峡谷。通过岩石断层，人们可以清晰地解读北美洲的地质历史

在峡谷的某些区域，其深度可以达到1600米，而宽度则要用千米来计量

经年不息的流水的侵蚀作用使峡谷的岩壁裸露出岩层。根据物理和形态特征，至少可以将这些岩层划分出12个层次。一些岩层内的化石成为一些古代动植物曾经生存的证据

山区各种各样的代表性环境类型——从河岸的遮阴林到硕大的杜松子树的梦幻般森林,甚至蝙蝠与无脊椎动物这些典型的喜洞动物的洞穴等,无不具备。公园凭借自然环境的多样性,给来访者提供了一种游遍北美主要生态系统的大好机会——等于从加拿大旅行到墨西哥,从林地旅行到荒漠。在美国7个"生物带"(life zone)中,大峡谷公园具备了5个;在美国4种荒漠里,大峡谷公园具备了3种。公园还卓有成效地保护了大批本地动植物物种,包括植物1500多种,鸟类35种,哺乳动物85种,爬行动物47种,鱼类17种,两栖动物9种。

到了这里,游客不可错过观赏郊狼、长耳鹿、山猫、美洲狮、卡伊卡克松鼠以及仙人掌和黑灌木这些珍奇动植物的大好机会。最引人注意的飞禽要数金雕、游隼、红尾鹭。

大峡谷于1908年被定为国家自然名胜地,1919年成为国家公园,1979年被列入《世界遗产名录》。

水流会在峡谷的最低处汇聚,为各类树栖物种的生存创造条件

许多受保护物种栖息在公园内，比如美洲狮。这种猫科动物的猎食对象非常广泛，习惯独来独往。它安之若素，已经适应了这里各种各样的气候变化

32

美国亚利桑那州

Saguaro National Park
萨瓜罗仙人掌国家公园

国家公园贫瘠的土地上同样孕育着
勃勃生机

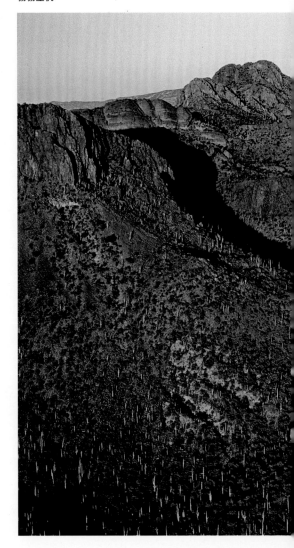

　　有时候，建立一座国家公园仅仅是为了保护一
种特殊的植物，比如位于亚利桑那州的萨瓜罗仙人掌
国家公园。这座公园始建于1933年，目的是为了保
护萨瓜罗仙人掌。这种巨型仙人掌是美国最大的仙人
掌，它身躯庞大，被称为"索诺拉沙漠之王"。它由
一颗小小的黑色种子慢慢长大而成，高度能达到16
米，体重可超过8吨，生命期可达200多岁。初夏时
节，巨型仙人掌会长出红色的花朵，到了六七月会结
出果实，大概50～70年的时间才会长出侧枝。

　　萨瓜罗仙人掌是一种稀有品种。它的后代很
少，只有在环境条件非常好的情况下，种子才会发
芽。可是这种适宜的好天气每隔10年或20年才会遇
到一次，所以这种植物非常珍贵。尽管一棵植株每年
要播撒无数的种子，但是因为环境如此恶劣，只有很
少的种子能够存活。沙漠的降雨量每年不超过25毫
米，萨瓜罗仙人掌为了适应环境，需要通过很多方法
来储存水分，比如刺、腊质层、内部呈海绵状的茎
脉及独特的根。它的根虽然仅向下扎了约7.5～10厘
米，但向周围的延伸半径却与身高相等。

　　印第安人的托何那奥丹部落（Tohono
O'Odham）是这片沙漠的居民，数千年来都以采摘

巨型仙人掌能够生存数个世纪。只
有在良好适宜的环境中，它才能不
断地繁殖再生

一只栗翅鹰在萨瓜罗仙人掌多刺的
茎叶上筑巢为家

萨瓜罗仙人掌的果实为食。这种果实与大无花果十分相似。印第安人使用长长的竹竿敲击仙人掌，让果实掉落，方法跟摇晃果树如出一辙。之后他们会把果实做成蜜饯、果露以及一种用于宗教仪式的酒。对于这里的当地人而言，萨瓜罗仙人掌果实的丰收标志着新年的开始。

由于及时地对萨瓜罗仙人掌采取了保护措施，由此带动了人们对索诺拉沙漠生态群落中其他物种的保护，使得索诺拉沙漠的动植物能够保持其丰富的多样性，远远超越了地球上其他的任何沙漠。不过另一方面，常有小型猫头鹰和啄木鸟在萨瓜罗仙人掌的躯干上筑巢，有些动物会吃掉它的种子和嫩芽；而身形最高大的仙人掌则会被雷电击倒和狂风吹折，所以仍然显得很是脆弱，易受伤害。这座国家公园的面积达37 000公顷，希望它能为萨瓜罗仙人掌和其他濒临灭绝的物种提供一个安全的避风港。

干旱时期，仙人掌为了储存并保护枝茎内的水分，叶片会退化成针状，以防止水分过度蒸发

33

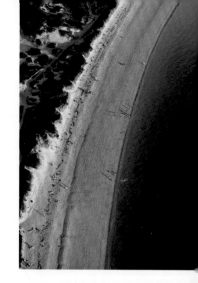

美国马萨诸塞州

Cape Cod National Seashore
科德角国家海岸

　　潮汐是护卫科德角（Cape Cod）地区的主导力量，它以潮水的涨落记录时间。当海水上涨、漫过一望无际的海岸线时，海洋动物占据上风；一旦海水退去，陆地生物就成为主宰，把海水遗留在海滩上的食物当作珍馐佳肴，饕餮一番。

　　从高空向下俯瞰，科德角半岛呈现出一种独特、明显的钩状。这个海角是由3000多年前冰川遗留下来的冰碛沉积物构成。从海岸出发，一路向大西洋伸展，长度超过100千米。岬角的岸线或露出地面，或被海水淹没——这完全取决于潮汐的状况。洋流汹涌奔腾，势若千军，不断冲击，使之经常处于变化和再塑造的过程中。洋流还围绕着莫诺莫伊岛（Monomoy Island）发威，使这座岛屿的一些浅凹、沙坝和海滩不断变形。

　　总括地说，由于侵蚀频繁以及自然力对海岸线的反复作用，科德角的地理面貌经常变化，在地图上很难定形。

　　半岛上的30多座淡水池塘，连同沼泽和临时性湖荡，共同为候鸟类提供栖息地和觅食区。对于鸟类来说，这些水域非常重要。它们是很多鸟类理想的栖居地，仅这里的珍稀和濒危鸟类，就占马萨诸塞州所

17—20世纪，欧洲移民者在科德角进行大规模的滥砍滥伐。他们在此种植（之后放弃了）谷类和藤蔓植物，结果造成大片高沼，之后才又有林地出现

科德角向大西洋延伸超过97千米，呈现出奇特的钩状，由3000多年前的冰川遗留下来的冰碛石沉积物所构成

大蓝鹭正用它长而尖锐的喙噙住猎物。迁徙时，许多候鸟会选择潮湿温润的地区停留休息

公园以极具价值的海洋动物而闻名，人们可以看到鲸的身影。这些鲸只是途经此地，最终将前往北极地区

有珍稀鸟类的30%以上。

18—20世纪，半岛上的大部分森林遭欧洲殖民者砍伐，仅有的小片松树林和栎树林在夏季又易受火灾。不过这里仍然创造出一批特殊的陆面"生境"——或者是开阔地，或者长有草木，或者分布着泥煤或欧石楠。

按历史记载：1620年，科德角迎来了一艘名叫"五月花"（Mayflower）的船舶，上面乘载了一些受英国国教迫害的分离派清教徒。他们正是在科德角率先进入"新世界"，随后签署了美国大地上第一份自治公约——《五月花号公约》，选举出了自己的治理机构。

保护区内有大约30座淡水池，有的是地下水渗透上来的，有的是雨水汇集而成。不可思议的是，有各种各样的鸟类来到这些池塘中饮水嬉戏

34

美国马里兰州

Chesapeake and Ohio Canal National Historic Park

切萨皮克–俄亥俄运河国家历史公园

　　切萨皮克–俄亥俄运河国家历史公园的历史价值以及运河的重要性完全超出人们的想象，例证就是数百年来，为了遏制洪水泛滥，共有超过1300种不同的建筑物构筑于河道上：堤坝、水泵、高架渠、水闸和人工运河——所有这些工作都是希望能够保持航行水道的通畅。

　　切萨皮克–俄亥俄运河国家历史公园紧邻波托马克河（Potomac River），公园包括马里兰州的坎伯兰（Cumberland）以及华盛顿哥伦比亚特区（Washington, D.C.）的部分区域。这个公园内生长着超过1200种植物，聚集着美国东部所有濒危的植物种类，有150种植物都是珍稀物种或濒危物种。另外，沿着波托马克河，来自北部的植物与其他的南部植物相容相汇，十分和谐。而根植于阿巴拉契亚山脉西部的小核植物亦在这里生根发芽，蓬勃生长。

　　切萨皮克–俄亥俄运河起自壮丽瑰玮、气势如虹的波托马克瀑布（Potomac Fall），流向西方，经过的地区包括：皮德蒙特（Piedmont）高

公园里有许多河流，在森林和草地上蜿蜒穿行，最终在马里兰州卡尔弗特县注入切萨皮克湾

燕鸥在切萨皮克湾的海岸上繁衍生息

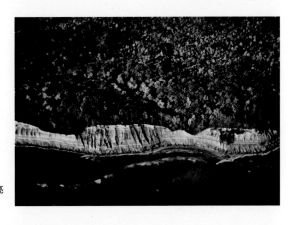

初秋伊始，落叶林渲染上一层明亮的色彩

原、蓝岭山脉（Blue Ridge Mountains）和岭谷（Ridge Valley）。波托马克河历经千百万年的时间，塑造并改变了山谷的形状，而那里正是切萨皮克湾和俄亥俄运河所在之处。如今岩石因受侵蚀而完全裸露了出来，让人联想起北美洲大陆的形成过程——北美洲板块曾经与其他板块相撞，而今这些板块大部分沉入海底。长久以来，人们一直被这片土地所吸引：印第安人利用河流作为渠道，最终到达了阿巴拉契亚山脉（Appalachian Mountains）。他们还尝试着修建堤坝，围筑小池塘来钓鱼。运河对西方殖民也起到很重要的作用，殖民者借助运河可以绕开激流和山谷，航行得更加顺畅。

切萨皮克-俄亥俄运河长久以来一直是这个重要开发地区的一个交通要道。只有在铁路蓬勃发展后，以水路作为连接东西方的渠道才被逐渐摒弃。但是今天，仍然有很多人要依靠波托马克河生活，即汲取饮用水和水力发电。

值得一提的还有波托马克河的许多峡谷，其中有些堪称美国东部最令人震撼的原荒之区；还有那众多的老金矿开采地。这些老金矿虽然已经久经岁月，很有些年头了，但很多设施迄今仍保存得完好如初。

波托马克河如同弯曲的手臂，将一片落叶林甚广的区域拥入怀中：枫树、栎树和其他树种全部晕染上秋天温暖的色彩

35

美国北卡罗来纳州

Great Smoky Mountains National Park
大雾山国家公园

阿巴拉契亚山脉的南部支脉是田纳西州与北卡罗来纳州的分界线，大雾山国家公园就坐落在这条山脉的中心地带。这里有闻名于世的旖旎风光，难以计数的动植物，以及阿巴拉契亚山原始文化遗存。

阿巴拉契亚山是世界上最古老的山脉之一，始于泥盆纪时期（距今4～3.6亿年）的造山带，由美洲大陆和亚欧大陆板块撞击而形成。在上一次冰期（约1万年前），冰川绕过了这个地区，使得这里成为许多周边地区动植物的避难所和栖息地，这些动植物的迁徙也许能够部分解释这里生物的多样性。大雾山（The Great Smocky Mountains）又叫雾山，是阿巴拉契亚山脉最高的山岭，公园内一些山峰的海拔高度达到2020米，包括"神话之塔"峰（Mount Le Conte Towers）和克灵曼斯峰（Clingmans Dome）。这个地区的气候差异很大，并且呈现出相当剧烈的季节性变化。在海拔较高的地区，雨量丰沛，雨势如注。公园的河流、溪涧以及瀑布总长达3050米。

公园内至少有5种不同类型的森林，有些以针叶林为主，有些是落叶林。全部森林的1/4属于原始温带森林，也就是说完全没有出现人类任何破坏活动的

国家公园凯兹湾的森林，主要由阔叶林组成

雾气笼罩着莫顿眺望台所在的山谷，需要很长时间才会慢慢散去

公园的秋天呈现出一派炫目迷人的
景致：雾气氤氲于葱郁的林间，缭
绕纠缠，不可分离

从莫顿眺望台远望，可以看到第一场冬雪降落后，舒格兰谷静默而雄伟的风光

迹象。这里的温带原始林是北美洲留存至今面积最大的温带原始林中的一处。植物学家已经详细记录了至少5000种植物，其中包括很多珍稀物种、濒危物种和本地物种。

公园的野生动物同样丰富，正式记录在卷的有10 000多种。但是从采集的一些标本判断，保护区内的生物物种数量应该更多更庞大。代表性的哺乳动物有麝鼠、赤狐和美洲飞鼠。白尾鹿和野猪也十分常见。

保护区有一段十分成功的物种再引入历史。引入是指将那些由于人类的介入而导致灭绝的物种重新带回它曾经消失的地区，使之落地生根，重新融入进来。为了保证野生生物生态链的完整，曾经有许多动物被重新带回到阿巴拉契亚山，以创造一个完美的世界。其中包括很重要的本地物种——黑熊，目前估计数量有1800只。蝾螈是整个公园中最闪耀的明星，事实上这座公园可以称为"蝾螈的世界之都"，因为经过鉴定的蝾螈就已经达到30种之多。它们长着有趣的长尾巴，样子与众不同。这种神秘的两栖动物拥有一种特别的生物周期——每当处于生殖期时，便不再躲藏起来，而是待在水中，尽量让自己清晰可见。大雾山国家公园于1934年建立，1976年成为国际生物圈保护区，1983年进入《世界遗产名录》。

一群白尾鹿在雄鹿的带领下向远方
奔去

一只美洲野猫藏匿在桦树的枝丫之
中，准备捕捉猎物

鸽子河源头的很长一段河流水势汹涌，伴随着隆隆的呼啸声一路奔驰而来

36

美国佛罗里达州

Everglades National Park
大沼泽国家公园

　　树木从水里挺拔而出，构成难以穿越的森林；池塘平阔宽广，生机盎然，水面上方不时有孤傲的苍鹭、色彩缤纷的琵鹭翱翔掠过；浓密勃发的海岸森林与沼泽化的岸滩彼此相接，这里也是淡水与海水的交汇处，孕育出大量的动植物。所有这些构成了大沼泽（Everglades）的核心景观，使得它成为美国亚热带地区最广阔的原荒保护区。卡卢萨（Calusa）印第安人称呼大沼泽为"pa-hay-okee"，即"绿草遍布的水域"，因为这里主要是不时被雨水淹没的宽阔无际的草原以及不断有水漫出的河道。在海岸线边，红树林凭借自身独特的适应性，形成一道茂密的植物屏障，以阻挡海水的入侵。

　　大沼泽为很多涉禽提供了适宜的栖居地，包括白色苍鹭、三色鹭、白鹭、粉色蓖鹭以及朱鹭。它们大量群居于浅水水域，这片水域内生活着软体动物、昆虫、甲壳纲动物及鱼类，种类非常丰富，可以满足不同鸟类的捕食需要。而短吻鳄也会藏匿在水中，等待时机捕捉它的猎物：一只鹿、一只鸟、一只浣熊或其他任何处于它攻击范围之内的动物。

　　短吻鳄的身长能达到4米，体重有270千克。雌性短吻鳄将蛋产于巢穴，这些巢穴隐藏在成堆的泥土

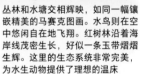
丛林和水塘交相辉映，如同一幅镶嵌精美的马赛克图画。水鸟则在空中悠闲自在地飞翔。红树林沿着海岸线茂密生长，好似一条玉带熠熠生辉。这里的生态系统非常完美，为水生动物提供了理想的温床

对于各种各样的水鸟来说，湿地、沼泽、红树林和林地是它们的理想栖居地

苍鹭在植物的掩护下静默不动，等待着捕捉猎物。这种鸟更偏爱温润潮湿的沿海地带，它们的脖子很长，甚至能够在深水中捉食

佛罗里达州是短吻鳄的天堂。短吻鳄是鳄目家族分布于世界各地23个物种中体型最大的代表

和茂盛的植被之中，十分隐秘。短吻鳄母亲会一直守护着巢穴，直到小短吻鳄破壳而出。

这片地区同样是受到保护的佛罗里达海牛的领地。这种珍稀水生哺乳动物以水生植物为生。公园内还栖居着其他的濒危物种，如佛罗里达美洲狮和某些海龟。

20世纪初，大沼泽湿地长达200千米，宽100千米，从佛罗里达湾直抵奥基乔比湖（Okeechobee Lake）。当时大沼泽的水大多源于此湖。

1920年，湖泊周围兴建了一个宏大的堤防和运河系统，以遏制泛滥的洪水流向周边区域。因为湖泊周边的地区常年饱受洪水的困扰。

如今农业灌溉工程抽调了大量的水资源，导致大沼泽的水平面持续下降，而快速增长的大城市以及工业区又使得水污染持续加剧。这一系列的威胁和考验都摆在大沼泽公园面前。

公园的面积仍在不断扩大中，如今大沼泽公园的总面积约60万公顷。

宽广辽阔的红树林是公园的特色之一。这种植物沿着海岸线分布，在盐水环境中蓬勃生长

乌龟是生活在热带湿地里的另类爬行动物

在大沼泽国家公园的中心，淡水与海水在此交汇，促进了物种的混合与繁荣

红树林多分布于沿海地区，由于拥有特殊的适应性（泌盐现象），所以能在盐水中生存下来

河水静悄悄地穿越茂密丛林，蜿蜒曲折中，飘然远去

公园里遍布着沼泽和池塘，因此也
有另一个名称 "长满草的河"

比起生活在美国西部的同类，佛罗
里达的美洲狮皮毛颜色更深

37

墨西哥索诺拉州

Alto Golfo de California y Delta del Rio Colorado Biosphere Reserve
上加利福尼亚湾和科罗拉多河三角洲生物圈保护区

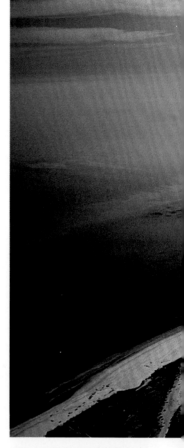

所谓"科罗拉多河",意思就是"彩色河",在它的入海口,常年沉积物逐渐形成了一个广阔的三角洲

　　加利福尼亚湾（Gulf de California）向北延伸,犹如一条长长的舌头,将多山而狭长的下加利福尼亚半岛（Baja California Peninsula）和墨西哥大陆的西海岸分离开来。这就是上加利福尼亚湾（Alto Golfo de California）,其北面很窄,范围一直延伸到科罗拉多河（Colorado River）的入海口。由于气候干燥,上加利福尼亚湾和科罗拉多河三角洲生物保护区的陆上植被稀薄贫乏,十分矮小,还要承受极大的日夜温差和季节温差。这个地区,由于岩石上很少或几乎没有植被,使得色彩的对比非常强烈,鲜艳的红、清新的黄以及暗郁的褐,颜色清晰,非常容易区分。深蓝色的海水包围着上千条峡湾以及小海湾,创造出地球上最复杂、最高产的海洋生态系统。涌动的潮汐带来丰富的营养物,增加了食物链的丰度。一些巨大的掠食性动物被美食所吸引,纷纷汇聚于此:哺乳类中主要以齿鲸以及小海豚为主。这种小海豚特别重要,当地人称之为"小头鼠海豚",是上加利福尼亚湾的特

从高空俯瞰,科罗拉多河在沙滩上留下的印记仿佛一幅画作

一年中总会有几个星期，沙漠里会盛开出灿烂的花朵，仙人掌勇冠群芳，兀自清朗。这种景象有时几年才会出现一次

上加利福尼亚湾的岸上分布有荒漠，其间穿插着岩峰和峡谷

土耳其秃鹰是一种食腐鸟类，以其他动物的尸体及人类丢弃的食物为生

阵雨过后，沙漠里繁花似锦，色彩缤纷。报春花傲视群芳，格外惹眼

即使在最严酷的环境中，郊狼也会竭力生存下来，它不会到远离人类的地方生活

有物种，有濒临灭绝的危险。20世纪90年代早期，只有不到500只存活下来。鱼鹰、鹈形目军舰鸟及褐鹈鹕是这里主要的鸟类。为了更好地保护海洋动物和鸟类，当地建立了上加利福尼亚湾和科罗拉多河三角洲生物保护区，面积达930 500平方千米，从北部一直向南延伸。保护区于1995年成立，并在随后的《国际重要湿地公约》（即《拉姆萨尔公约》）签署国会议中，被提上议程并受到公约的保护。这项决议不仅对于小头鼠海豚非常重要，对于其他物种也一样重要，因为保护区同样守护着大量其他鸟类和鱼类的繁殖地，比如濒临灭绝的石首鱼（即加利福尼亚湾石首鱼）。保护区是墨西哥政府正式并严格保护的第一片海洋区域——每年吸引大量的游客到这里旅游观光。这些游客都怀着极大的兴趣，希望能利用机会，在一个面积有限的区域内观赏到世界上一些最为有趣的海洋生物。沙漠环境虽然物种不够丰富，却也展现出各种形状的仙人掌异样的美丽。某些仙人掌还会在雨后长出璀璨艳丽的花朵。植物在岩石之间兀自生长，很少伸展开枝蔓，显得矮小而落寞。这情形好像一个勤奋的园丁在布置植物园，既要突出沙漠生物顽强的生命力，同时又无法掩饰它孤立高傲的缺点，真是让人为难。

在阿尔塔沙漠（Altar Desert）中，沙丘、岩峰随处可见，还有稀有的植被与之相伴

上加利福尼亚湾栖居着大量鲸鱼，
包括身躯庞大的蓝鲸

上加利福尼亚湾将下加利福尼亚半
岛和墨西哥大陆海岸分隔开来

墨西哥北下加利福尼亚州的一部分
海岸上，分布有广袤的沙漠

褐鹈鹕是捕鱼能手，它能迅速潜入水中捕食猎物，有时甚至能达到3米深

38

被太阳严酷灼烫过的粗粝岩石，以及被棕榈树环绕包围的小而美丽的绿洲，构成了此地的独特风景

墨西哥北下加利福尼亚州

Complejo Lagunar Ojo de Liebre Biosphere Reserve
奥霍·德列夫雷湖生物圈保护区

在风力的侵蚀下，沙丘渐渐地消失在远方。沙丘贫瘠荒芜，生命无法在此生存

　　下加利福尼亚半岛状如一根纤长嶙峋的手指，不断向南延伸，一直到太平洋深处。在下加利福尼亚半岛与大陆之间保护着一片温暖的内部水域——加利福尼亚湾。太平洋的海浪汹涌激荡，不断冲刷着半岛的外侧海岸。海岸经常被晨雾笼罩，直到正午，雾气才会渐渐散去。这段太平洋海岸的延伸区域是濒危物种——灰鲸的避难地，它们每年都会返回这片沉静安宁、鱼类丰富的沿海水域繁育后代。这片水域正位于比斯卡伊诺湾（Vizcaino Bay）的外面。比斯卡伊诺湾是一个新月形的宽广海湾，由一条伸向西北的小半岛拦围。半岛上有比斯卡伊诺山（Sierra Viscaino）。比斯卡伊诺湾紧挨近岸的圣安德烈亚斯山（Sierra San Andreas），圣克拉拉山（Sierra Santa Clara）矗立于下加利福尼亚半岛的中腰，正好把半岛划分为南北两大部分。从地质结构看，下加利福尼亚半岛是圣安德烈亚斯山与同名断层的产物。大部分由变质岩与火成岩构成。半岛的地理景观丰富多彩：既有细沙构成的漫长海滩，又有长着本地先锋植物、

一对土耳其秃鹰静默着站立在高大的仙人掌上，坚守着它们广袤无垠的领地

数以百计的海豚在下加利福尼亚半岛海岸的水域中追逐嬉戏

座头鲸从海面下跳跃而出。这种鲸的身长能达到18米

近似中山的沙丘，还有光秃秃的岩堆、大片起伏不平的崎岖地，以及广阔的盐滩。由于加利福尼亚半岛保留了300多个考古地址以及壮美的洞穴壁画，它于1993年被列入《世界遗产名录》。洞穴壁画出于1万年前的古人之手，凝聚着古代原住民的伟大创造和智慧。

半岛气候干燥，中心区域的温度跨度很大。加利福尼亚湾沿岸炙烤酷热，而太平洋沿岸却更为清凉潮湿。或许干旱是这里的主要特点：年降雨量只有76毫米，而无雨期有时能持续3年以上。对于沙漠生态系统来说，干旱时节唯一稳定的水分来源于加利福尼亚寒流与温暖的亚热带水汽的相互作用。日出时分会出现浓雾和雨露，让这片荒芜之地多一丝温润。热带气旋发生在9—11月之间，期间也许会有一些降雨，一年生的植物可以利用这段时期的雨水完成一个短暂的生命周期。由于半岛是沙漠及半沙漠的环境，无法轻易进入，所以保持了相对的孤立和隔绝，几乎没被人类入侵。即使是今天，仍然有一些地方没被人类干扰，使得植物和动物一直保持丰富繁茂。对于数以百万的候鸟来说（尤其是雁形目鸟类），北下加利福尼亚州是一个十分重要的筑巢繁殖地及冬季避难所。而其他的动物，比如金雕、游隼、鹗、凤头卡拉鹰及穴鸮也会在这里筑巢为家。走鹃、杜鹃和各种蜂鸟围绕着仙人掌盘旋飞翔，寻找美艳的花朵——这是花蜜的重要来源。加利福尼亚湾是38种海洋哺乳动物的家园，水獭和海狮则喜欢在水中及岸边生活。保护区的面积很大，已经超过了25 000平方千米。

一年中的某个时段，紧挨黑格雷罗潟湖浅水水域的沙丘，是观赏灰鲸的理想场所

39

墨西哥金塔纳罗奥州

Sian Ka'an Biosphere Reserve
息安卡安生物保护区

　　息安卡安生物保护区位于墨西哥尤卡坦（Yucatan）半岛的海滨，与坎昆（Cancun）、图卢姆（Tulum）相距不远。"息安卡安"一名来自玛雅语，意思是"苍天从这里延伸"。保护区湿润的亚热带气候和独特的地表形貌，特别有利于各种各样生境的出现，包括森林、草原、林沼、藤丛，徐缓的河流也有助于沼泽和微咸地典型植物的滋生。保护区还拥有加勒比海一大段气势恢宏的岸滩，距岸仅30米还分布着完好无损的珊瑚礁。总之，保护区里的生物物种格外丰富多样。

　　而今，保护区的南部另辟为圣埃斯皮里图湾（Bahia de Espiritu Santo）原荒保护区，面积890平方千米。其中生憩着318种蝴蝶、345种鸟类（包括鹦鹉、翠鸟、苍鹭、琵鹭与大型的热带美洲鹳），另有许多两栖动物、爬行动物与哺乳动物。

　　这里的珊瑚礁是世界上保护最为完好的珊瑚礁之一。珊瑚礁以及淡水、咸水都能适应的广阔红树林里，活跃着好多种鱼类。许多濒危物种如加勒比海牛和各种海龟（包括红海龟、平背龟、玳瑁等）每年6—8月会来这里产卵。最近的评估显示，本保护区

沿海地区，纵横交错、恍若迷宫的海湾和小岛被茂密的红树林所覆盖

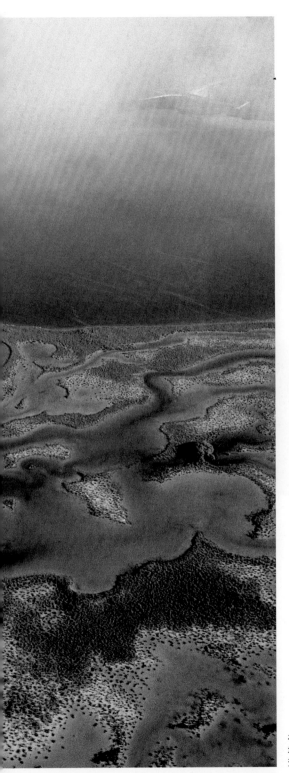

由于可供捕食的动物（野猪、貘、鹿等）很丰富，应该是整个中美洲美洲虎生存条件最优良的地方之一。

这个地区尽管地质上相当年轻——从海底隆起迄今不足200万年，但植被茂密，而且已经有充裕的时间进行发展和进化。植物种类超过1200种，其中至少包含了230种树；本地特有种所占比例很高，达到总数的15%。

美洲虎变得日益珍贵。如今，这种猫科动物濒临灭绝

在这个连接陆地生态系统、淡水环境及大海的领域内，物种丰富多变，呈现出生机勃勃的景象

由于海龟的壳非常珍贵，它已经被
列为最珍稀、最濒危的物种之一，
现在销售贩卖龟壳都是严令禁止的

许多鲨鱼来到这片水域繁殖后代

保护区内的珊瑚礁是墨西哥湾物种
最为丰富、保护得最好的珊瑚礁
之一

海牛生活在浅水水域，以水草和其
他的海洋植物为生

40

墨西哥恰帕斯州

格里哈尔瓦河沿岸的岩石峭壁，这里的动植物种类繁荣丰茂，多彩多姿

Sumidero Canyon
苏米德罗峡谷

　　恰帕斯的苏米德罗地区自然环境恶劣，有些地方看起来甚至非常凶险，这都是千百万年间水流对岩层进行深切造成的。这里的谷涧异常深邃，西班牙语特称之为"barranco"（深峡），这是漫长的干旱与雨季轮番出现，以及雨季水流侵蚀的结果。

　　雨量大增之际，侵蚀作用更加凶猛、疯狂、无所顾忌。集水区受地质结构与地形的影响，以及太平洋沿岸山脉与马德雷山脉的拦阻，使得这种侵蚀现象变得更加严重。有的河流由于难以径直入海，被迫深切河道，大部分深峡皆成因于此。

　　苏米德罗峡谷是一个几乎无法靠近的世界。只是在近些年，经验丰富的博物学家才凭借先进的工具和技术冒险进入，开展山岳和洞穴学的研究。凭借先进的"助手"，他们得以在保护区内不同的环境中，发现并记录下这里的生物多样性。事实上，在不同的地方，由于相互隔离，动植物会组成一个独一无二的群体生存并各自繁荣起来，与那些彼此相通的地方相比，生物物种有很大的不同。

　　大量的蝙蝠、爬行动物、两栖动物和陆地哺乳动物栖息在峡谷的墙体和底部。下雨后，峡谷里会有

与大规模砍伐及耕作的狭窄高地相
比，峡谷的野生自然环境与之差别
巨大

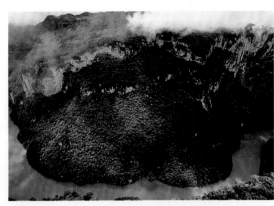

1200万年前，格里哈尔瓦河的澎湃
激流就开始不断地雕琢冲刷着苏米
德罗峡谷

激流涌动，可是在漫长的干旱时节，水流几乎完全消失。值得注意的还有鸟类，山谷中栖居着白头海雕等许多种猛禽，以及灵巧细小、羽毛艳丽的蜂鸟。

保护区的面积达22 050公顷，坐落于墨西哥南部的恰帕斯州内，与图斯特拉–古铁雷斯（Tuxtla Gutierrez）相距不远。

苔藓滋生在河畔的峭壁上，远远望去，好像一棵古怪的圣诞树

峡谷底部潮湿的气候以及阳光的匮乏，使得蕨类植物和苔藓的形状十分特别

41

墨西哥恰帕斯州

Reserva Cascadas de Agua Azul
阿瓜阿苏尔瀑布保护区

恰帕斯地区非常干燥，植被以下层灌丛和肉质植物为主，它们沿着河岸分布，构成许多独特的"生物岛"。由于进出极其困难，人迹罕至，所以这个地区还没有受当地经济发展的干扰。河流（西班牙语为"río"）在高原和山岳间穿行，开辟通向大海的出路，从而创造出很多深邃的峡谷奇景。

在这些峡谷里，由于水分充裕，耐干、耐旱植物不再出现，代之以浓密的热带植被：大树、灌木、藤本植物以及凤梨科植物共同构建出一个三维世界，使得地面上的大批生物都能发荣滋长。树干凹处和凤梨科植物下部存储的水分也被吸收、利用。

阿瓜阿苏尔瀑布（Agua Azul Falls）高踞世界最著名瀑布之列，不仅因为这里降雨丰沛而水量宏大，也不仅因为瀑布下泻气势的雄伟、壮观，而主要在于瀑布附近雨林的特殊生态系统，在于这个生态系统包含着丰富的生物物种。

阿瓜阿苏尔瀑布保护区面积达61 846公顷，建立的目的是为了保护优美迷人的风光，守护真纯自然的森林环境和丰沛的水资源，以及促进地区旅游业的蓬勃发展。植被则包含了位于高处的松树、橡树、旱生

巨嘴鸟是一种典型的森林鸟类，金刚鹦鹉以它们色彩斑斓的羽毛而广为人知。这两种鸟类都居住在保护区内

咆哮的河水与澎湃下落的瀑布构成
河道的主要特征

灌木（喜旱），以及位于低处的阿拉伯树胶、赤杨和龙舌兰。

　　动物包括有哺乳类动物，比如狼、鹿和美洲狮。对于美洲狮的存在，人们只能依靠它的生活踪迹来判断，不易亲眼见到。这里蛇类尤为丰富，包括蟒蛇、响尾蛇和青藤子蛇；鸟类有巨嘴鸟、大咬鹃、唐纳雀和羽毛艳丽的蜂鸟。

一簇簇典型的热带地区植物沿着岸边茂密生长

一年四季，阿瓜阿苏尔瀑布的流向从来都无法预知，当然这也是它的最大特色

这是一片丰茂的丛林，生长着灌木、热带藤蔓植物及附生植物，它们覆盖了保护区内的大部分地区

危地马拉

Tikal National Park
蒂卡尔国家公园

　　这个保护区于1931年被辟为天然名胜区，1955年改为蒂卡尔国家公园。公园位于危地马拉东北部的佩腾（Petéon）省境内，是广阔的"玛雅（Maya）生物圈保护区"的一部分。玛雅生物圈保护区面积超过危地马拉国土的10%，达21 000平方千米。

　　1991年，蒂卡尔国家公园由于地质结构、生物资源以及人口构成都非常特殊，共同构成一整套极有价值的地理景观，从而被纳入联合国教科文组织的"人与生物圈计划"。玛雅生物圈保护区连同伯利兹和墨西哥的玛雅森林，是亚马孙河流域以北最大的热带雨林之一，按地理位置，又是西半球最偏北的热带雨林。

　　这个地区由中生代（距今约2.5亿年—6500万年）的古老岩层和相对较新的第三纪（距今6500万年—260万年）的岩层组成。岩性为沉积岩，在北部构成许多小型山丘，在中央部位则隆起为拉坎敦（Lacandun）山脉。

　　公园内气候温润，年降雨量超过2000毫米。大部分地面覆盖着热带雨林，面积将近22 000公顷。这里树木高大，最高可达40米。藤本植物和附生植物攀附在树干和枝杈上，无休止地向上攀爬，以便获取更多的阳光。

一只黑色的吼猴正以奇妙的吼声展现自己，附和同类。吼猴通常会聚集在一起，用声音来威吓其他物种，警告它们远离自己的领地

在丛林的某些地方，枝叶茂密攀连，云雾缭绕升腾，使得阳光难以抵达地面，林下灌木丛难以生长

对于附着在植物上的各种附生植物来说，森林内每一棵树木的躯干都是一个微型生态系统

森林里有的地方夹杂了大面积的湿地、湖泊以及西班牙语为"aguada"的浅沼。其中栖息着野鸭、苍鹭、琵鹭、鹮鸟、白鹭等很多鸟类。这种浅沼是中美洲最重要沼泽里的一种。

乌苏马辛塔（Usumacinta）河流域的众多河溪，都流经公园，最终下注墨西哥湾。

这个地区的生物物种丰富，经过初步编目登录，已经确认出2000多种植物、数百种脊椎动物（包括美洲虎、犰狳、水獭、美洲狮和貘）；本地鸟类超过333种。鸟类（鸟纲）共分74"科"，而危地马拉的鸟类按科划分就多达63个。

公园里还保留着一座玛雅古城遗址。这座古城曾经人口众多，但在10世纪时遭毁灭之灾。古城遗址展示了从狩猎文明、采集文明到农耕文明的长期演进历程。当然，这种农耕文明也已飘然远去。

五彩金刚鹦鹉生长在热带丛林及厄瓜多尔森林中，以坚果及森林内的其他水果为食

美洲虎一般生活在保护区内的偏远地带，外人很难涉足其中，它们主要以捕食野猪及貘为生

43

古巴

Cayo Coco
科科岛

　　古巴以植物丰富而著称，有8000多种植物，其中包括300多种棕榈树和数百种兰花。科科岛上超过50%的植物都属于古巴群岛的当地物种，这里的海水还是900多种鱼类的家园。

　　科科岛保护区专注并致力于保护岛上及岛屿周围的海洋生态系统。科科岛是古巴群岛中的第四大岛，面积370平方千米，靠近古巴的北海岸，与老巴哈马海峡（Old Bahamas Channel）遥遥相望。

　　近年来，在潜水爱好者的口碑相传中，科科岛声名鹊起，以优美的海底世界和清澈纯净的水质而闻名。

　　与一段9.5千米长、沙质细腻柔软的沿海沙滩相对的，是一座珊瑚礁，这是地球上物种最丰富的珊瑚礁之一。这座珊瑚礁足以与澳大利亚的大堡礁（Great Barrier Reef）和红海的珊瑚礁媲美。成千上万种海洋无脊椎动物和五彩斑斓的鱼类聚集在柳珊瑚和珊瑚之中，往来嬉戏。珊瑚形态多变，色彩缤纷，大小各不相同：有的柔软，有的坚硬，还有鹿茸角珊瑚、脑珊瑚和叶片珊瑚——是鹦鹉鱼、刺尾鱼、蝶鱼和大量石斑鱼的理想家园。在珊瑚礁的外侧，洋底陡然下降，这里是鲨鱼和其他大型掠食者称霸的场所。

这里的珊瑚礁是地球上物种最丰饶的珊瑚礁之一，其丰饶的程度甚至与澳大利亚的大堡礁以及红海的珊瑚礁不相上下

保护区是古巴植物最丰富的地方，拥有8000多种植物，仅棕榈就有300多种

许多年前，保护区就已声名鹊起。
许多潜水爱好者会进入水底深处去
探索另一个壮美瑰丽的世界

成千上万种海洋无脊椎动物和五彩
缤纷的鱼类生活在这片海域。海豚
是公园内非常常见的物种之一

于珊瑚礁上发现的海洋动物包括：鹦鹉鱼、刺尾鱼、蝶鱼及大量的石斑鱼

由于一系列潜水和浮潜训练中心的建立，使得科科岛成为向民众开放的娱乐观景地。小岛被茂密的热带森林覆盖，其间栖居着色彩斑斓的蜂鸟及大量其他鸟类。这里吸引了大量海鸟和火烈鸟频繁光顾，有时甚至达到3万只或更多。

典型的海滨植被红树林亦生长于此。科科岛是地球上最重要的濒危物种栖息地之一，为很多物种的繁殖和生长提供保护，硕大的树蜥就生活在此。

洞礁、水下草原及沙地深处是海龟的藏身之所

Photographic Credits
摄影师名录

68-69页 Jim Wark

70-71页 Tom & Pat Leeson/Ardea.com

71页 Aec Pytlowany/Masterfile/Sie

72-73页 Kevin Schafer

73页 Inger Hogstrom/Agefotostock/Marka

74页 George D. Lepp/Corbis

74-75页 Johnny Johnson/Getty Images

75页 Terry W. Eggers/Corbis

76页 Thomas Lazar/Naturepl.com/
Contrasto

76-77页 Cornelia Dorr/Agefotostock/
Marka

77页 Kevin Schafer

78页 Tom Brakefield/Corbis

78-79页 Pat O'Hara/Corbis

79页 Pat O'Hara/Corbis

80页 Massimo Borchi/Archivio White Star

80-81页 Mark Newman/Getty Images

81页 Massimo Borchi/Archivio White Star

82页, 82-83页 Daryl Benson/Masterfile/Sie

83页 W. Perry Conway/Corbis

84页 David Middelton/NHPA/Photoshot

84-85页 Brad Wrobleski/Masterfile/Sie

85页 Jim Wark

86页, 86-87页, 87页, 89页 Norbert Rosing/
Getty Images

88页 Sue Flood/Naturepl.com/Contrasto

88-89页, 90页, 90-91页 Norbert Rosing/
Getty Images

92-93页 Daryl Benson/Masterfile/Sie

94页 Marcello Bertinetti/Archivio White
Star

94-95页 Ron Watts/Corbis

95页（左）Jim Wark

95页（右）Angelo Cavalli/Agefotostock/
Marka

96页, 97页, 98页, 98-99页, 99页 Neil
Hester

96-97页 J.A. Kraulis/Masterfile/Sie

100页 Raymond Gehman/Corbis

100-101页 Tom Bean/Corbis

101页, 102-103页, 104页 Jim Wark

105页（上）Laurie Campbell/NHPA/
Photoshot

105页（下）Greg Probst/Corbis

106-107页 Jim Wark

107页 Janis Miglavs/DanitaDelimont.com

108-109页 ML Sinibaldi/Corbis

110页 Konrad Wothe/Getty Images

110-111页 Pat O'Hara/Corbis

111页（上）First Light/Getty Images

111页（下）Pete Cairns/Naturepl.com/
Contrasto

112页, 113页 Antonio Attini/Archivio
White Star

114页 Fritz Poelking/Agefotostock/Marka

115页（上）Ron Niebrugge/Alamy

115页（下）Stefan Damm/Sime/Sie

116-117页 Jim Wark

118页（上）D. Robert & Lorri Franz/
Corbis

118页（下）Giovanni Simeone/Sime/Sie

119页 Terry W. Eggers/Corbis

120页 Rolf Nussbaumer/Naturepl.com/
Contrasto

120-121页 Royalty-Free/Corbis

121页 Daniel J. Cox/Natural Exposure.
com

122-123页 Pete Cairns/Naturepl.com/
Contrasto

124页, 124-125页 Jim Wark

125页 Jeff Vanuga/Naturepl.com/
Contrasto

126页 Witold Skrypczak/Agefotostock/
Marka

126-127页 Jim Wark

127页 Galen Rowell/Corbis

128页 Galen Rowell/Corbis

128-129页 Scott T. Smith/
DanitaDelimont.com

129页 David Muench/Corbis

130页 Laurie Campbell/NHPA/Photoshot

130-131页 David Muench/Corbis

131页 John Shaw/NHPA/Photoshot

132-133页, 133页, 134-135页, 136页,
137页 Antonio Attini/Archivio White Star

136-137页 Galen Rowell/Mountain Light

138-139页 Antonio Attini/Archivio White
Star

140页, 140-141页, 141页, 142页, 142-
143页, 143页, 144页（左下）Jim Wark

144页（上）, 144页（右下）, 144-145
页, 145页 AntonioAttini/Archivio White
Star

146-147页 Werner Bollmann/
Agefotostock/Marka

147页（下）Jim Wark

148-149页, 150-151页 Jim Wark

149页 W. Perry Conway/Corbis